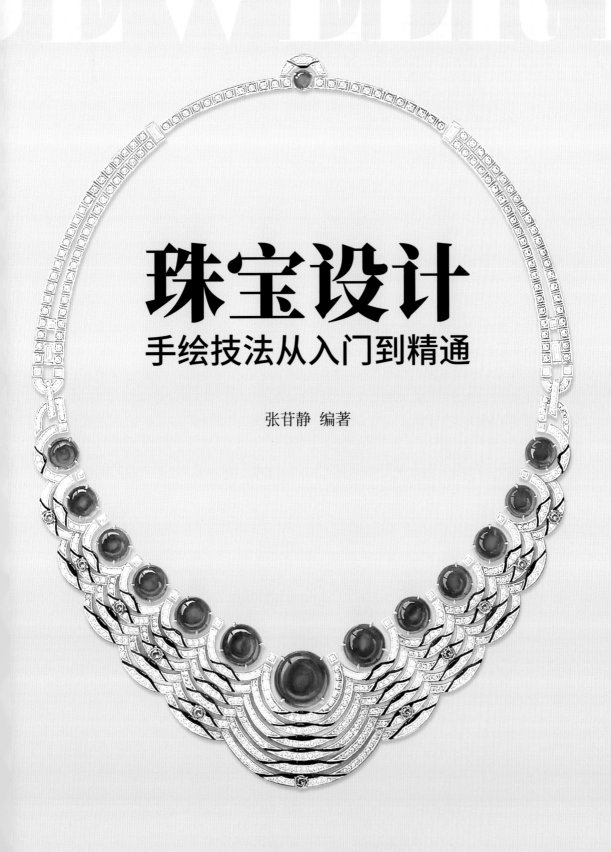

珠宝设计

手绘技法从入门到精通

张苜静 编著

人民邮电出版社

北京

图书在版编目（CIP）数据

珠宝设计手绘技法从入门到精通 / 张苷静编著. --
北京 ：人民邮电出版社，2022.7
ISBN 978-7-115-57573-9

Ⅰ．①珠… Ⅱ．①张… Ⅲ．①宝石－设计－绘画技法
Ⅳ．①TS934.3

中国版本图书馆CIP数据核字(2021)第216056号

内 容 提 要

本书是根据珠宝设计师从业所需要的知识汇总整理而成的珠宝设计手绘技法专业教程，希望能帮助读者全面并快速地掌握珠宝设计手绘的职业技能。

全书共分为 5 章，主要从珠宝设计手绘的学前通识、基础技法、中级技法、高级技法和创意表现技法 5 个方面循序渐进地进行讲解，讲解时以珠宝设计手绘技法为主线，在各章穿插介绍珠宝设计师在实际工作中需要掌握的相关专业知识，如宝石学基础、金属学基础、珠宝镶嵌工艺、珠宝施工制图等。此外，本书还结合珠宝设计案例，对珠宝设计手绘过程中的各个环节与步骤进行了完整的剖析和讲解。

本书适合珠宝设计初学者、各大珠宝类院校学生及有一定经验的珠宝设计师阅读，可帮助读者提升、巩固自身的设计手绘能力和设计创新能力，形成独特的设计手绘风格。

◆ 编 著 张苷静
  责任编辑 杨 璐
  责任印制 马振武

◆ 人民邮电出版社出版发行 北京市丰台区成寿寺路 11 号
  邮编 100164 电子邮件 315@ptpress.com.cn
  网址 https://www.ptpress.com.cn
  天津图文方嘉印刷有限公司印刷

◆ 开本：787×1092 1/16
  印张：13.75 2022 年 7 月第 1 版
  字数：385 千字 2022 年 7 月天津第 1 次印刷

定价：119.00 元

读者服务热线：(010)81055410 印装质量热线：(010)81055316
反盗版热线：(010)81055315
广告经营许可证：京东市监广登字 20170147 号

序

与苷静的相识缘于朋友介绍，他的珠宝手绘效果图清亮、冷静，却又内含热烈的色彩，一下就吸引了我。法式高级珠宝手绘风格经过他独特的演绎，呈现出特别的美感，这与苷静本身的性格有关。与他交流，你会自然而然地被带入平缓、舒适的语境，他的不紧不慢、有条不紊，会让你感觉特别舒缓与愉悦。相信读到这本书的你，也会有同样的感受和体验。

苷静在法国学习、工作了7年，这段经历让他获得了宝贵的实践经验。本书是他多年珠宝设计工作的经验总结，深入浅出地讲解了珠宝手绘技法。即使是零基础的珠宝设计初学者，也能清晰、直观地从本书中了解到相关的知识。本书还通过完整的表现案例较为全面地剖析了专业设计师在高级珠宝设计手绘过程中会遇到的难点和问题。

作为年轻而富有设计经验的珠宝设计师，苷静毫无保留地将自身所学、所掌握的珠宝设计手绘知识和盘托出，为我们揭开了珠宝设计手绘的神秘面纱，打造出这样一本专业而具有深度的珠宝设计手绘图书。希望本书可以带给读者源源不断的灵感与创作动力。愿苷静在珠宝设计道路上越走越远。

高伟

北京服装学院珠宝首饰设计系主任

前言

　　你想成为一名专业珠宝设计师吗？无论你现在身在何处，又心向何处，此时，我想以文字的形式与你做一场关于珠宝设计的交流。

　　即使是在享有"国际时尚潮流中心"之称的巴黎，高级珠宝设计师也是既神秘又光鲜的。在珠宝设计的过程中，我们始终与美同行，身旁除了多彩的颜料、转动的画笔，还有萦绕在指尖的各色宝石。这样的职业生活让许多人都想要了解并加入其中。为了这些志同道合的朋友，我花费了一年半的时间，根据自己多年所学编写了这本书，希望本书的内容可以帮助你敲开珠宝设计师职业生涯的大门。

　　在入门之前，我们首先要建立自信。本书的内容从珠宝设计手绘的学前通识开始，即使是从来没有接触过珠宝设计的人也可以借助本书进行循序渐进的学习。世界上有很多顶级珠宝设计师都是"半路出家"的，例如路易·威登（Louis Vuitton）的前珠宝艺术总监洛伦茨·鲍默（Lorenz Bäumer）先生、梵克雅宝（Van Cleef & Arpels）的艺术总监托马斯（Thomas）先生，他们完全是凭借自己的创作热忱与爱好自学成才的。

　　本书的内容并非传统的分类讲解，而是以珠宝设计手绘为主线，采用引导的方式来讲述珠宝设计师在各个成长阶段所需掌握的知识，例如宝石的材质、种类、切割工艺，以及绘图的工具、技法、设计技巧等，图文并茂，避免了长篇大论带来的晦涩感。

　　最后，感谢克里斯蒂娜·于尔里克（Christina Ulrich）、约翰·马尔尚（Johan Marchand）、阿诺·耶罗迈（Arnaud Jérome）、让·吕克·克洛丹（Jean Luc Claudin）在我的职业成长道路上对我的帮助，感谢洛伦茨·鲍默，以及宝诗龙（Boucheron）、蒂碧丽（Debelles Lu）的设计师对我的认可，感谢出版社每一位工作人员的辛苦付出。此时，还要特别感谢正在读这本书的你，你的支持与帮助是我今后不断前行的动力。

张苜静

2022年1月8日

资源与支持

本书由"数艺设"出品，"数艺设"社区平台（www.shuyishe.com）为您提供后续服务。

配套资源

全书案例配套演示视频。

资源获取请扫码

"数艺设"社区平台，为艺术设计从业者提供专业的教育产品。

与我们联系

我们的联系邮箱是szys@ptpress.com.cn。如果您对本书有任何疑问或建议，请您发邮件给我们，并请在邮件标题中注明本书书名以及ISBN，以便我们更高效地做出反馈。

如果您有兴趣出版图书、录制教学课程，或者参与技术审校等工作，可以发邮件给我们。如果学校、培训机构或企业想批量购买本书或"数艺设"出版的其他图书，也可以发邮件联系我们。

如果您在网上发现针对"数艺设"出品图书的各种形式的盗版行为，包括对图书全部或部分内容的非授权传播，请您将怀疑有侵权行为的链接通过邮件发给我们。您的这一举动是对作者权益的保护，也是我们持续为您提供有价值的内容的动力之源。

关于"数艺设"

人民邮电出版社有限公司旗下品牌"数艺设"，专注于专业艺术设计类图书出版，为艺术设计从业者提供专业的图书、视频电子书、课程等教育产品。出版领域涉及平面、三维、影视、摄影与后期等数字艺术门类，字体设计、品牌设计、色彩设计等设计理论与应用门类，UI设计、电商设计、新媒体设计、游戏设计、交互设计、原型设计等互联网设计门类，环艺设计手绘、插画设计手绘、工业设计手绘等设计手绘门类。更多服务请访问"数艺设"社区平台www.shuyishe.com。我们将提供及时、准确、专业的学习服务。

第1章

珠宝设计手绘学前通识 009

第2章

珠宝设计手绘基础技法 023

第 3 章

珠宝设计手绘中级技法　　　　　　　　081

第 4 章

珠宝设计手绘高级技法　　　　　　　　107

第 5 章
创意表现技法   131

第 1 章

珠宝设计手绘学前通识

对珠宝设计手绘的学习应以实践绘画为主，理论知识为辅。通过学习
珠宝设计手绘学前通识，可以帮助我们在学习之初，对珠宝设计手绘
所涉及的知识内容进行一个整体的了解，并形成必要的理论储备。

1.1 珠宝设计手绘的诞生与发展

什么是珠宝设计手绘？珠宝设计手绘是通过水粉、水彩、马克笔等手绘工具对珠宝进行设计、创作与表现的绘画形式。珠宝设计手绘是一种专业性较强的绘画门类，其绘画风格与门类分支随着整个珠宝设计行业的发展而发展。

💎 1.1.1 珠宝设计手绘的诞生

珠宝设计手绘在中国尚属于新兴词语，而在世界艺术史中，珠宝设计手绘的起源可以追溯到欧洲文艺复兴时期。

15世纪末至16世纪上半叶，正值文艺复兴的顶峰时期，这场历经数百年的艺术文化运动一点点地解开了禁欲主义对人们思想的束缚，同时宗教文化对艺术创作的限制也在渐渐消散。在此之前，不管是雕塑、绘画、还是服饰的创作多以宗教题材为主，珠宝首饰设计与创作也是如此。当宗教阶层的权力下放，人们对美学的定义便开始显得人性化，更加宝贵的是珠宝设计开始作为一个单独的艺术门类被大众认可，而珠宝设计手绘也渐渐成为一种新兴的绘画门类。

💎 1.1.2 珠宝设计手绘的发展

文艺复兴之后的很长一段时间，珠宝首饰仍然未能成为大众阶层的消费品。直到18世纪，欧洲资本主义开始登上政治舞台，各个国家的资产阶级革命使得一部分王室失位，从前的御用珠宝师迎来了自己的新主顾——众多手握财富的资本家及未被革命势力波及的新贵族。新的、庞大的客户群为珠宝设计师带来了大量的订单，同时也为珠宝设计的发展提供了良好的土壤。之后，以这些御用珠宝师名字命名的珠宝品牌开始诞生，例如卡地亚（Cartier）、尚美巴黎（Chaumet）、宝诗龙（Boucheron）等世界知名珠宝品牌。它们作为行业中的佼佼者，开始建立珠宝设计与制作的完整社会职业体系，珠宝手绘师便是其中必不可少的角色。

1855年的尚美巴黎珠宝设计手绘图

1.2 珠宝设计手绘的艺术感与商业价值

每一件艺术品都有自己的价值，特别是在艺术品市场的推动下，艺术品本身逐渐开始作为一种"世界货币"而广泛流通，其商业价值不言而喻。

◇ 1.2.1 珠宝设计手绘的艺术感

珠宝设计手绘除了服务于创作之外，还是一种技巧独特、风格鲜明的绘画形式。由于珠宝设计手绘有着自己的艺术表达方式，因此在西方的珠宝艺术院校里，珠宝设计手绘是一门非常重要的专业类科目。

从最基础的珠宝设计造型，到颜色搭配、细节刻画，以及明暗和主次关系的调整，一幅好的珠宝设计手绘图就如同传统的油画一样，可以让观者以一种欣赏的眼光去体验其中的笔触与意境。尤其是画面中那些色彩艳丽的宝石，会给人们带来直观的视觉感受。

香奈儿（Chanel）高级珠宝手绘效果

◇ 1.2.2 珠宝设计手绘的商业价值

珠宝行业属于制造业，但是珠宝设计的过程属于服务业。作为服务环节的一部分，珠宝设计手绘的商业价值也显而易见。

在欧洲，即使是一些规模较小的珠宝品牌也会外聘职业绘图师来完善珠宝设计稿，因为精美的手绘设计图可以辅助优化设计及后期的生产制作。在一些传统奢侈品牌中，特别是在高级珠宝定制的服务过程中，珠宝设计手绘图也是服务产出的一部分。珠宝设计及制作完成后，珠宝设计手绘图会经过装裱与珠宝一并交付客户。简而言之，品牌会通过珠宝设计手绘的艺术性来提升商品的商业价值，进而将商品转化为艺术品。

1.3 珠宝设计手绘技法

珠宝设计手绘技法是自此绘画门类产生之后，随着年代更迭，由众多珠宝世家在实际设计绘画过程中积累总结而成的。直到1867年，巴黎珠宝工会建立的巴黎高级珠宝学院开始将传统珠宝手绘技法系统化、可教学化。此举打破了珠宝行业手口相传的学徒制，使得珠宝行业的教育与传承开始渐渐转化为学院制，也使得更多的行外人有机会接触到这些独特的手绘技法。

巴黎高级珠宝学院院徽

1.3.1 珠宝设计手绘技法的分类

综合绘画风格、绘画工具和绘画载体来看，珠宝设计手绘技法可以分为两大类，即传统手绘技法和创意表现技法。

传统手绘技法是珠宝设计手绘的基本技法，其学习过程分为基础、中级、高级3个阶段。其特点是历史悠久，技法丰富，系统性强，学习周期漫长，适合学院派及手绘基础薄弱的珠宝设计师学习。传统手绘技法的主要绘画工具是水粉颜料和勾线笔。

传统手绘技法绘画效果

创意表现技法则需要创作者有一定的绘画基础，其特点是商业实用性强、绘画效率高，适合职业设计师进行提升练习，它的主要绘画工具是水彩笔和针管笔。

创意表现技法绘画效果

1.3.2 珠宝设计手绘技法的应用

传统手绘技法和创意表现技法有各自的绘画体系、绘画顺序和上色原则，因此珠宝设计师在实际应用时会根据需要来选择不同的技法。例如在商业类珠宝的设计阶段，珠宝设计师一般会选择创意表现技法进行绘制，以达到高效出图的目的；而在设计高级珠宝时，则更偏向于选择传统手绘技法，或是用两者相结合的方式来进行创作。

香奈儿山茶花系列高级珠宝手绘过程

1.4 宝石学基础知识

宝石学是一门单独的学科，主要研究各类宝石的物理性质和化学性质。宝石作为珠宝设计的主体，我们学习与之相关的必要的基础知识可以更好地进行创作。

1.4.1 宝石的分类

从珠宝设计的应用角度出发，我们可以将宝石分为4类：珍稀宝石、彩色宝石、半宝石、珍珠。各种常见宝石的分类如下表所示。

宝石分类

宝石类别	宝石名称
珍稀宝石	钻石、红宝石、蓝宝石、祖母绿
彩色宝石	碧玺、海蓝宝石、坦桑石、沙弗莱石、橄榄石、摩根石、石榴石、尖晶石等
半宝石	紫晶、白晶、黄晶、孔雀石、青金石、绿松石、白欧泊、黑欧泊、贝母、红玛瑙、黑曜石、玉石等
珍珠	白珍珠、黑珍珠、金珍珠等

1.4.2 宝石的特性

在珠宝设计过程中，选择合适的宝石进行创作是至关重要的，特别是镶嵌环节，宝石直接影响着整个设计的可行性和安全性。除了需要考虑宝石的色彩和价格之外，宝石的特性也不容忽视。一名珠宝设计师需要掌握的宝石特性有3个：宝石的单位、硬度、切割样式。

◇ 单位

宝石通常以克拉（Carat，可简写为Ct）为计量单位，克拉与常见的重量单位克之间的换算方式为1Ct=0.2g。

学习宝石的大小与重量的对应关系可以让我们在前期的设计过程中，对各类宝石有一个基本的比例概念和造价预算。以钻石为例，我们在了解了克拉数和切割样式后，便可以得到钻石的尺寸，这些数据可以直接应用于后期制图的过程中。下表为不同刻面的钻石大小与重量参考。

钻石的大小与重量的对应关系

重量/Ct	0.25	0.5	0.75	1	1.5	2	3	4	5
圆形刻面切割/mm	4.1	5.1	5.8	6.4	7.4	8.1	9.3	10.2	11
公主方刻面切割/mm	3.5	4.4	5	5.5	6.4	7	8	9	9.5
祖母绿刻面切割/mm	4.5x3	5.5x4	6x4.5	6.5x5	7.5x5.5	8.5x6	9.5x7	10.5x7.5	11.5x8.5
阿斯切刻面切割/mm	3.7	4.4	5	5.5	6.4	7	8.1	9	9.6
马眼形刻面切割/mm	6.5x3	8.5x4	9.5x4.5	10.5x5	12x6	13.5x6	14x7	16x8	17x8.5
椭圆形刻面切割/mm	5x3	6x4	7.5x5	8x5.5	9x6	10.5x7	11.5x7.5	13x8.5	14x9.5
雷恩刻面切割/mm	3.5x3	5x4.5	5.5x5	6x5.5	7x6	7.5x7	8.5x7.5	9.5x8.5	10x9
梨形刻面切割/mm	5.5x3.5	7x4.5	8x5	8.5x5.5	10x6.5	10.5x7	12.5x8	13.5x9	15x10
心形刻面切割/mm	4.2	5.4	6.0	6.7	7.6	8.3	9.5	10.3	11
枕形刻面切割/mm	4x3.5	5x4.5	6x5	6.5x5.5	7.5x6.5	8x7	9x8	10x8.5	10.5x9

◇ 硬度

宝石学中所讲的硬度通常指莫氏硬度，本书中的硬度都指莫氏硬度。莫氏硬度是由德国矿物学家莫斯（Mohs）提出的宝石矿物硬度体系。在莫氏硬度体系中，最硬的天然矿物质金刚石，即钻石被定为10，再根据金刚钻针在其他物质上产生的划痕深浅来依次分级。

通过宝石的硬度，我们可以判断出哪些宝石更容易加工，哪些宝石更容易磨损，并以此为参考选择合适的宝石进行设计，这样可以有效地提高佩戴宝石时的安全性。例如在硬度比较低的孔雀石、欧泊的珠宝设计案例中，我们一般要选择全石包裹式的镶嵌工艺，以此来应对日常佩戴中可能出现的磕碰现象；而对于一些硬度比较高的宝石，如钻石、红宝石、蓝宝石等，我们在设计应用上可以更加大胆、灵活。下表为常见宝石莫氏硬度。

常见宝石莫氏硬度

宝石名称	莫氏硬度	宝石名称	莫氏硬度
钻石	10	托帕石	8
红宝石	9	紫晶	7
蓝宝石	9	白晶	7
祖母绿	7.5~8	黄晶	7
碧玺	7~7.5	孔雀石	3.5~4
海蓝宝石	7.5~8	青金石	5~6
坦桑石	6~7	绿松石	5~6
沙弗莱石	7~8	欧泊	5~6
橄榄石	6.5~7	玛瑙	6.5~7
摩根石	7.5~8	黑曜石	5.6~6.2
石榴石	6.5~7.5	玉石	4~7
尖晶石	8	珍珠	2.5~4.5

◇ 切割样式

宝石的切割样式指的是宝石经过打磨与加工后形成的外观。宝石的切割主要由职业宝石切割师来完成。

成熟的设计要匹配合适的宝石及正确的切割样式。有的切割样式是为了更好地发挥宝石的折光优势，让宝石看起来更加闪亮，如圆形刻面切割。

有的切割样式是为了最大限度地保留裸石，进而提高宝石的价值，如玫瑰式切割。

圆形刻面切割的钻石戒指

玫瑰式切割的钻石戒指

切割样式除了圆形刻面切割和玫瑰式切割之外，还有异形切割。异形切割是为了满足设计需要或者应对宝石自身晶体分子结构的限制，如梨形刻面切割、球形刻面切割、祖母绿刻面切割等。下图为常用的宝石切割样式。

梨形刻面切割的钻石戒指

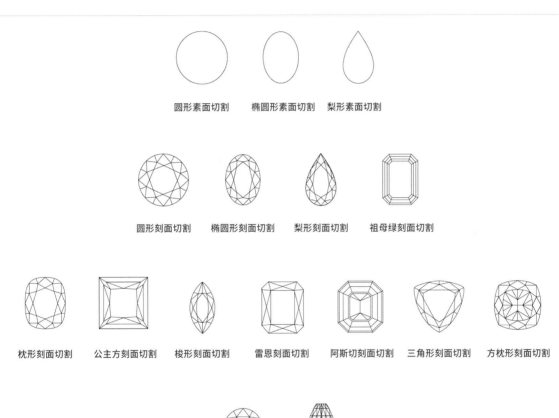

圆形素面切割　　椭圆形素面切割　　梨形素面切割

圆形刻面切割　　椭圆形刻面切割　　梨形刻面切割　　祖母绿刻面切割

枕形刻面切割　公主方刻面切割　梭形刻面切割　雷恩刻面切割　阿斯切刻面切割　三角形刻面切割　方枕形刻面切割

球形刻面切割　　水滴形刻面切割

方形刻面切割

长方形刻面切割

常用宝石切割样式

1.5 金属学基础知识

金属学是冶金类专业的主要学习内容，其研究方向包括各类金属元素的物理性质及化学性质，例如金属元素的电子排布规律、熔点、密度、延展性、氧化物等。

金属元素在元素周期表中所占的比重很大，珠宝设计领域涉及的常见金属元素主要有3种：银（Ag）、金（Au）、铂（Pt）。除此之外，因为工艺需要或者合金配比需要，还会涉及其他一些金属元素，如钛（Ti）、铑（Rh）、铜（Cu）、钯（Pd）、镉（Cd）、镍（Ni）、锌（Zn）等。

在珠宝设计中，各色宝石是引人注目的焦点，而支撑这些宝石的各类金属就像是每件珠宝的骨架，即便它们不像宝石晶体那般通透明亮，也可以通过珠宝设计师的奇思妙想及珠宝匠人的精雕细琢，成为宝石的支柱。

迪奥（Dior）腕表金属框架

◇ 1.5.1 银

在古代，银在作为一种金属货币广泛流通的同时，一直也是制作珠宝首饰的主要金属材料。

银虽然属于贵金属，但银饰的原料成本并不高。银的价格约为3.52元/克（2020年5月国内市场价）。如今，市面上常见的一些饰品类、轻奢类设计在选材过程中都比较倾向于使用银，其原因是银的价格相较于其他贵金属要低很多。

银的特性说明如下。

化学元素符号：Ag。

颜色：白色。

硬度：2.5~4。

熔点：962℃。

密度：10.5g/cm³（20℃）。

珠宝设计中使用的银其实并不是纯银，更多的是925银，即含银量为92.5%的银合金。这是因为纯银的硬度很低，容易磨损和变形，而925银的硬度较高，有利于设计与加工。

珠宝领域常用的银合金及其元素构成说明如下。

925银（含银量为92.5%的银合金）：925/1000银+75/1000铜。

800银（含银量为80.0%的银合金）：800/1000银+200/1000镉或铜。

> ● 提示
>
> 银饰放置或者佩戴时间长了会变黑，这是因为银被空气中的硫化物硫化，产生黑色的硫化银，日积月累，银饰的表层就会慢慢变黑。

1.5.2 金

金和银同属金属货币，直到现在依旧是世界金融投资产品。金的价格约为383元/克（2020年5月国内市场价）。

金的特性说明如下。

化学元素符号：Au。

颜色：黄色。

硬度：2.5~3。

熔点：1064℃。

密度：19.3g/cm³（20℃）。

从金的硬度，我们可以看出纯金是一种质地相对柔软的金属。在珠宝设计中，以金为主要成分的合金类产品经过加工后的各项属性（可延展性、抗氧化性、韧性等）要比银合金好很多，例如我们常说的K金（即含金量为75%的黄金合金），因此在高端产品中，金的应用更加广泛。

珠宝领域常用的金合金及其元素构成说明如下。

18K黄金：750/1000金+125/1000银+125/1000铜。

18K白金：750/1000金+35/1000铜+50/1000锌+165/1000镍。

18K玫瑰金：750/1000金+60/1000银+195/1000铜。

18K红金：750/1000金+250/1000铜。

18K绿金：750/1000金+250/1000银。

18K蓝金：750/1000金+250/1000铁合金。

18K灰金：750/1000金+60/1000银+190/1000钯。

---

❶ 提示

在生活中，我们常常会见到18K这个写法，这里的K是英文"karat"的缩写，直译为开或者克拉，是金属纯度单位。karat是国际上一种用于划分黄金纯度的度量机制，在这套机制里，含金量为100%的黄金称为24K金，因此，1K即代表金饰的含金量为1/24，约4.2%。同理可得，22K金的含金量为91.7%，20K金的含金量为83.3%，18K金的含金量为75%，9K金的含金量为37.5%。

1.5.3 铂

铂是一种广泛应用于珠宝制作领域的贵金属材料。铂在地壳中的含量非常少，但它的金属稳定性和延展性都比金和银更好，价格则介于金和银之间，约为174元/克（2020年5月国内市场价）。

铂的特性说明如下。

化学元素符号：Pt。

颜色：白色。

硬度：4~4.5。

熔点：1772℃。

密度：21.4g/cm³（20℃）。

铂的密度与硬度都比较高，抗腐蚀性强，因此使用铂制作的珠宝其金属光泽更加持久，且铂不易磨损与变形。由于铂金的特性及优势，在制作一些精巧的珠宝结构部件时，或者在腕表设计应用中，铂金都是首选金属。市面上常见的铂金珠宝都是以合金的形式存在的，目的是更好地发挥其优势。

珠宝领域常用的铂合金及其元素构成说明如下。

950铂金：950/1000铂+50/1000铜。

900铂金：900/1000铂+50/1000铱或钌+50/1000铜。

850铂金：850/1000铂+100/1000铱或钌+50/1000铜。

> ⓘ 提示
>
> 为什么有些人在佩戴金或银首饰时会出现金属过敏现象？事实上，对金元素、银元素过敏的人非常稀少，大部分人真正的过敏原是铜元素或镍元素。通过对3种贵金属的学习，我们知道了很多贵金属合金都含有铜元素，如925银、18K玫瑰金、950铂金等，因此易过敏体质佩戴者最好选择纯金或者纯银首饰，即含金量或含银量为99.9%的首饰。

1.5.4 其他金属

在珠宝设计和制作过程中，除了常用的3种贵金属之外，我们还会用到一些比较小众的、具有辅助性的金属。对这些金属的特性和使用范围，我们也需要进行简单的学习与了解。

◇ 钛

钛是一种化学性质极其稳定的金属元素，其化学元素符号为Ti。钛的主要特点为重量轻、强度高、可电镀着色。

因为这些属性优势，钛被大量应用于高级珠宝和当代艺术珠宝的创作中。例如，高级珠宝一般会使用一些大克拉的宝石，如果使用密度较大的传统贵金属，就会导致整件珠宝过重，不适合佩戴。因此珠宝设计师会用钛来替换密度较大的传统贵金属，如黄金、铂金等。

钛可电镀着色是其备受珠宝设计师青睐的重要因素之一。将钛置于蒸馏水环境中并接通直流电，钛的表面会形成一层氧化膜，这层氧化膜会根据通电电压的不同而产生色彩上的多重变化。通常情况下，电压为10V~80V时，钛氧化层会依次变为浅黄色、橙黄色、蓝色、金色、粉色、紫色、绿色。

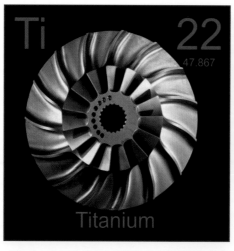 

> ⓘ 提示
>
> 在实际操作过程中，因为电镀池内蒸馏水的纯度及温度很难达到实验室级别，所以通电电压往往需要增加20V才能得到相应的钛氧化层颜色，其中绿色是最难获取的钛氧化层颜色，需要加压至110V才能获得。

◇ 铑

铑是一种银白色金属,其物理性质、化学性质与铂相似,其化学元素符号为Rh。

铑主要应用于白色金属珠宝的外层电镀工艺中。这类珠宝的贵金属合金中往往存在金、铜等有色金属,而有色金属或多或少都会在珠宝的金属表面显露出淡黄色的雾状云块。为了使整件珠宝的金属部分颜色显得更白,色彩更加统一,我们会在其表面电镀一层铑。

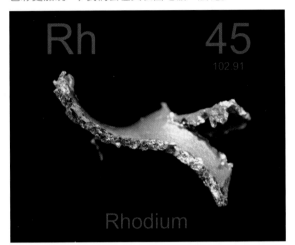

◇ 铜

铜是生活中常见的一种金属元素,其化学元素符号为Cu。在珠宝领域,铜主要应用于925银、800银、18K黄金、18K白金、18K玫瑰金、18K红金、950铂金、900铂金、850铂金等合金中,是应用最为广泛的合金补口成分之一。

◇ 钯

钯是一种银白色过渡金属,质软,有良好的延展性和可塑性,其物理性质、化学性质和铂相似,其化学元素符号为Pd。在珠宝领域,钯主要用作18K灰金的补口成分。

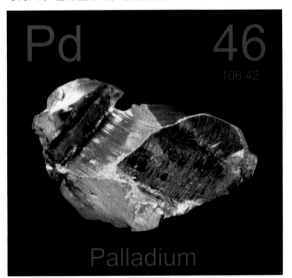

◇ 镉

镉是一种银白色金属,其化学元素符号为Cd。在珠宝领域,镉主要用作800银的补口成分,可以起到提高银合金熔点的作用,从而降低加工难度。

> **ⓘ 提示**
>
> 补口即添加在各种贵金属合金中的其他金属元素,主要起到优化合金的物理性质及改变合金颜色的作用。例如,在K金中加入钯元素后,合金物理韧性会增强许多。

镍

　　镍是一种银白色金属，质地坚韧，延展性强，其化学元素符号为Ni。镍是18K白金的主要补口成分，用于提高白金合金的金属韧性。

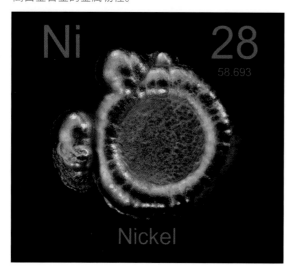

◇ **锌**

　　锌是一种青白色金属，较轻，其化学元素符号为Zn，是18K白金的补口成分之一。除此之外，锌因为质地相对柔软，易于加工，所以可以单独用于珠宝设计过程中的模型制作阶段。

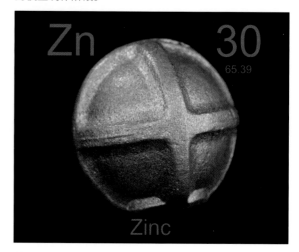

1.6 学习珠宝设计手绘的绘画要求与注意事项

　　珠宝设计手绘的学习过程对学习者的体力和精力而言都是一项长久的挑战，因此我们在学习之初就要养成良好的学习习惯和作息习惯，以此保障学习效率和身心健康。

迪奥珠宝设计师手绘

1.6.1 绘画要求

在进行珠宝设计手绘之前，我们需要了解一些与绘画相关的知识，以便进行高效率的手绘练习与创作。

◇ 时间

一张造型复杂、色彩华丽的高级珠宝手绘图往往需要2~3天的时间才能完成，所以我们要合理地分配绘画时间，不要使身体处于非常疲惫的状态。

建议每天的绘画时间不超过6小时，且以下午的时间进行绘画为佳，每隔1小时都要起身，适当活动一下颈、肩等主要负荷部位。

◇ 坐姿

绘画时座椅的高度不能过高，否则长时间低头过深对颈椎的影响会非常大。建议在挺胸坐直的情况下，使桌面大致与心口齐平。而一些颈、肩本就不好的人可以尝试将座椅换为大小合适的瑜伽球，以此来纠正自己的坐姿。

迪奥珠宝设计师手绘

◇ 光线

绘画时要选择光线充足的环境，若光线不足，可以使用白色冷光台灯来辅助绘画，除此之外，美甲专用的无影灯也是一个很好的选择。同时注意光线不要过强，否则会影响视线，导致画面效果与预想的效果大相径庭。

自然冷光源下的手绘

1.6.2 注意事项

珠宝设计手绘是一种绘画形式，需要耗费较长的时间，在这个过程中，我们需要特别注意两点：一是保护自己的视力，二是定时清洁手部以免弄脏作品。

◇ 视力保护法则

珠宝设计手绘不同于一般的素描、速写等绘画形式，其刻画对象往往非常精巧，较细的线条宽度只有0.5mm，因此绘画者几乎需要趴伏在桌面上近距离作画，眼睛到画面的距离通常只有100mm。

长时间近距离作画对视力的影响非常大，这就要求我们每隔10分钟就将视线移开，适当眺望远方，进行眼部放松。

◇ 手部清洁工作

手部清洁工作对于保持画面的整洁来说至关重要。由于长时间作画，手部皮肤分泌的汗液和油脂会在不经意间浸染到纸张上，形成污渍。因此，在作画过程中，每隔2~3小时就要清洁一下手部，并且应避免用手去触碰面部等容易出油的身体部位。

> ⓘ 提示
>
> **如果画面上出现污渍怎么办？**
>
> 如果是普通的污渍，我们可以使用美工刀轻轻地将污渍刮去。如果是颜料造成的污渍，我们可以使用勾线笔蘸水，以少量多次的方式将污渍轻轻洗去，注意水分不要过多，否则会使纸张起皱，适得其反。如果是油脂造成的污渍，我们可以使用勾线笔蘸取洗洁精，用笔尖轻揉纸面，再采取少量多次的方式用清水配合面巾纸轻轻将污渍洗去。

1.7 本章结语

本章主要介绍了珠宝设计手绘的基础理论知识，这是珠宝设计手绘的必学内容。在了解各种珠宝设计手绘技法之前，我们需要对设计绘画的理论内容有一些基本的了解，掌握这些内容对后期判断设计的可行性大有裨益。

第 2 章

珠宝设计手绘基础技法

珠宝设计手绘基础技法的内容主要包括金属手绘技法与宝石手绘技法两个
部分。如果把珠宝设计手绘看作一门语言，那金属与宝石的手绘技法就是
构成这门语言的字母。在这门新的"语言"里，金属好比辅音，宝石相当
于元音，两者组合搭配，才能发出动听的"语音"。

2.1 金属手绘技法

基础金属手绘技法包括3类：18K白金手绘技法、18K黄金手绘技法、18K玫瑰金手绘技法。第1章金属学基础知识中提到的银、铂等白色金属类珠宝，都可以参考18K白金手绘技法。学习这3类金属手绘技法的同时，我们也会学习和认识一些基础的珠宝设计手绘工具，如纸张、颜料及画笔的正确使用方法。

迪奥珠宝设计手绘

2.1.1 基础手绘工具

手绘工具是辅助我们呈现画面效果的媒介，我们需要选择正确的工具来辅助绘画，错误的工具不但会影响画面最终的效果，还会影响设计师的绘图手感和节奏。因此在学习手绘技法之前，我们需要对一些基础的手绘工具有一定的了解，包括纸张、颜料、画笔等。

灰卡纸的应用

在进行珠宝设计手绘时，我们一般会选用色度适中的灰卡纸。这是因为灰卡纸能够非常好地表现各色金属的光泽感以及宝石的纯度与明度，同时由于颜色对比所产生的效果，画在灰卡纸上的钻石会比画在白纸上的钻石闪亮很多。

扫码观看视频

灰卡纸的种类很多，设计师可根据个人喜好选择卡纸的灰度。同时就厚度而言，笔者建议选用210g以上的灰卡纸，因为厚一点的卡纸吸水性较强，有利于长时间作画。而纸张纹理则越细腻越好，这样有利于观察线稿，提升画面的整洁感。

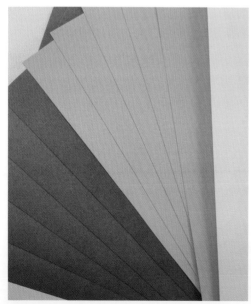

深灰与浅灰卡纸颜色对比

210g浅灰色卡纸

◇ 颜料的使用

在传统珠宝设计手绘中，水粉颜料是主要的工具。对于珠宝设计手绘入门级的绘制，笔者推荐国产的马利水粉颜料，其中24色5ml款的性价比较高。对于珠宝设计手绘专业级的绘制，笔者推荐法国Linel水粉颜料，这是一套专门用于珠宝设计手绘的水粉颜料，其质地细腻，分类全面。这套颜料针对珠宝设计提供了特有的祖母绿色、蓝宝石色、红宝石色等已经调和好的颜料，可以帮助设计师节省很多调色时间。

以上两种颜料采用的都是金属管状的包装方式，每次绘画时不用挤出太多。日常珠宝设计手绘图的画幅以A4为主，所需的颜料并不多，另外水粉颜料长时间暴露在空气中会变干和脱胶，从而影响画面效果，所以原则上是用多少挤多少，避免不必要的浪费。一套水粉颜料，只要密封保存得当，通常可以使用5年以上。

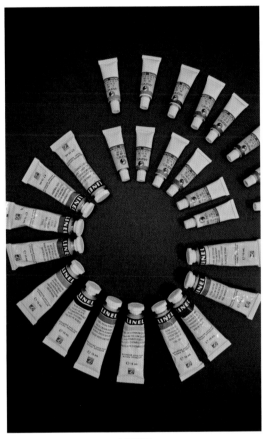

水粉颜料

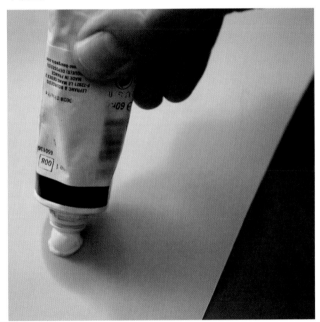

挤出锡管水粉颜料

◇ 勾线笔的上色技法

水粉颜料的黏稠度比较高，颜料挤出来之后要用蘸有清水的勾线笔进行调和。调色盘要求选用白色的，以便观察色彩变化，但对材质没有特殊要求，塑料、陶瓷或防水卡纸皆可。

在学习勾线笔的上色技法之前，首先要学会选择合适的勾线笔。珠宝设计手绘所需的勾线笔以貂毫笔为最佳，锋长要求为15mm左右。

扫码观看视频

> ⓘ 提示
>
> 　　因为各个品牌的笔号标准不同，所以要以锋长即笔尖长度作为选择标准。此外，初学者在选择画笔时往往会陷入一个误区，认为在刻画一些珠宝细节时要选择型号比较小的勾线笔。但事实上，型号越小的勾线笔的笔锋越短，笔的吸水性和笔锋的弹性都会受到影响，有时颜料容易粘在笔尖上，从而影响绘画精度。

在基础金属手绘的整个过程中，使用一支笔即可，其间每次调色、换色时都需要用清水洗净笔尖。为了方便清洗，我们可以在旁边放置一个盛有清水的涮笔筒或玻璃杯。

颜料刚挤出来时很黏稠，因此我们需要加水将颜料调和得更顺滑。调色时，我们要顺着笔锋的方向进行调和，否则会影响勾线笔的使用寿命，同时笔锋也会分叉。

调色技法1

用笔蘸取颜料，然后旋转笔尖，使颜料沾满笔锋。

调色技法2

用笔尖轻点颜料进行调色。

调色技法3

从颜料向调色盘的空白处拖曳笔锋，使颜料集中于笔尖。

调色完成后要先用清水涮洗勾线笔，再用笔尖蘸取新的颜料绘画，颜料只占笔锋1/2的长度，切记不可使颜料沾满笔锋，否则会影响绘画的流畅度。

颜料占笔锋长度比例的正确示范　　　　　　颜料占笔锋长度比例的错误示范

💎 针管笔的使用技巧

针管笔是一种专门绘制细小线条的填墨式笔，在建筑设计中应用得非常广泛。而在珠宝设计手绘中，我们要将针管笔的填充液换成白色的，主要将其用于群镶小宝石的快速刻画及大克拉宝石刻面线的绘制。针管笔按针头的粗细不同，可分为很多型号，适合珠宝设计手绘的型号有0.18和0.20两种。

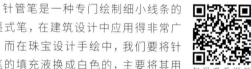
扫码观看视频

针管笔的使用技巧在珠宝设计手绘学习的中后期非常重要，熟练掌握可以大大提高画图效率，节省绘画时间。

在使用针管笔时，握笔的位置尽量靠下，并以与纸张近乎垂直的角度去画，这样做可以快速导出填充液，使绘画过程十分流畅。同时要注意画的力度不要太重，否则会刮坏纸张并堵塞笔尖。

德国红环针管笔 0.20

针管笔握笔位置

> ❗ **提示**
>
> **针管笔笔尖堵塞该怎么修复？**
>
> 针管笔的工作原理是通过中空笔尖中的金属丝将填充液导出，因此在长时间不用或者使用不当的情况下，针管笔非常容易发生笔尖堵塞现象。
>
> 解决笔尖堵塞的办法有3种：一是将笔尖浸入清水中并轻轻晃动；二是笔尖朝下用力向下甩；三是将笔尖浸湿，在指尖上轻轻拭画，通过皮肤的细小纹理将笔尖的堵塞物蹭出来。

2.1.2 18K 白金手绘技法

之所以把18K白金作为珠宝手绘的起始练习,是因为其在色相上并没有过多要求,只使用了黑、白、灰3种基本色,可以令我们对光影关系有更加清晰的了解。本书所讲白金均为18K白金,故后面皆称白金。

扫码观看视频

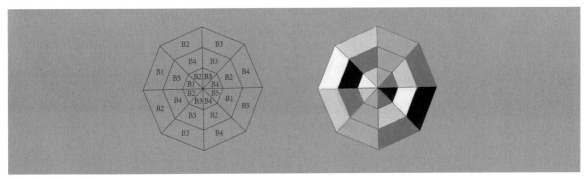

宝诗龙白金材质戒指

◇ 白金色阶

什么是色阶?色阶是指颜料在经过调和后所产生的明度、纯度上的阶梯变化。很多初学者认为金属比宝石难画,但其实只要掌握了金属色阶的变化规律,其绘画过程就会变得像填色游戏一样简单,无论刻画哪种金属,所需的颜色通常只有3~5种。

如右图所示,白金的色阶由浅到深一共有5种颜色,我们将其分别命名为B1、B2、B3、B4、B5。练习时可以画出5个长方形并分别填色,以便做颜色对比。5种颜色对应的调和颜料如下。

B1	B2	B3	B4	B5

白金色阶

B1: 钛白色。

B2: 钛白色+少量黑色。

B3: 钛白色+黑色。

B4: 黑色+少量钛白色。

B5: 黑色。

在18K白金珠宝的实际绘画过程中,B3为金属底色,B2为亮部颜色,B4为暗部颜色,B1为高光颜色,B5为阴影最深处的颜色。

◇ 白金色阶练习

在珠宝设计手绘中,为了更好地表现物体的立体感及画面的明暗关系,我们会预设一个假想光源。通常情况下,我们所设定的假想光源以左上方或正面光源为主(本书后续案例都采用左上方光源的设定)。如下图所示,在白金色阶练习中,根据其色阶编号依次填入相应的颜色,颜色关系需要遵循由图形形体所带来的明暗变化。

白金色阶练习

◇ 白金蝴蝶结

基础的色阶及填色练习都是以几何形状为主的，在实际珠宝设计案例中，金属部分往往以造型自由的曲面居多，因此在初学练习中可以画一些小件的珠宝首饰来提升绘画能力。下面以白金蝴蝶结为例。

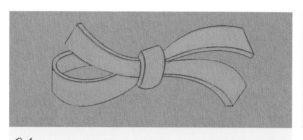

01 将B3作为白金的底色进行铺色，使用勾线笔将颜料均匀地涂在珠宝线稿之内，尽量不要覆盖线稿，否则会对后期上色产生一定影响。

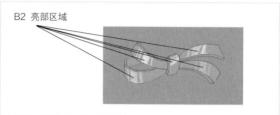

B2 亮部区域

02 用B2刻画蝴蝶结的亮部。每一处白色竖纹的宽度由中间向两侧依次递减。颜料厚度要适中，若水分过多会将底色翻起，影响画面效果。

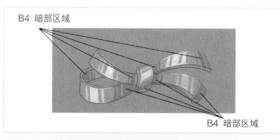

B4 暗部区域

B4 暗部区域

03 用B4刻画蝴蝶结的暗部。绘制暗部时，注意要和亮部颜色有一定的间隔，以透出金属底色，如此可以通过3种颜色的阶梯式变化刻画出金属的立体感与光影感。

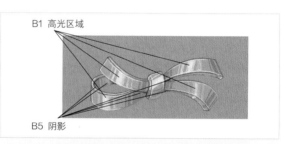

B1 高光区域

B5 阴影

04 用B1画高光，然后使用B5描绘珠宝的阴影。通过使用两种颜色加强明暗关系的对比，丰富画面细节。阴影的颜色不要太重，用B5沿着金属结构线少量点缀即可。

> ⓘ 提示
>
> 　水粉颜料在自然风干的过程中，其颜色会发生一些变化。例如B4风干后要比湿润时看起来深很多，因此初学者在上色前可以先在废弃卡纸上试色，以便上色时控制力度。

◇ 2.1.3 18K 黄金手绘技法

黄金的手绘步骤和白金一致，其颜色较为丰富，在绘制其他一些黄金色珠宝的时候也可以参考本小节的手绘技法。

扫码观看视频

宝诗龙黄金材质戒指

🔷 黄金色阶

黄金的色阶由浅到深一共有4种颜色，由钛白色、柠檬黄色、土黄色、赭石色、普蓝色调和而成，我们将其分别命名为H1、H2、H3、H4。4种颜色对应的调和颜料如下。

H1： 钛白色+柠檬黄色。

H2： 柠檬黄色+土黄色。

H3： 土黄色+赭石色。

H4： 赭石色+普蓝色。

在黄金珠宝的绘画中，H2为底色，H1为亮部颜色，H3为暗部颜色，H4为阴影最深处的颜色，高光的颜色在H1的基础上加一点钛白色即可得到。

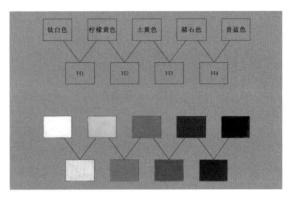

黄金色阶

🔷 黄金色阶练习

如下图所示，在黄金色阶的上色练习中，根据其色阶编号依次填入相应的颜色，颜色关系需要遵循由图形形体所带来的明暗变化。

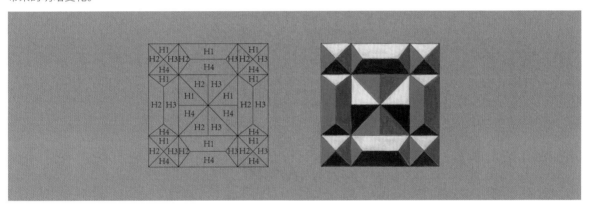

黄金色阶练习

🔷 黄金蝴蝶结

黄金蝴蝶结的结构与白金蝴蝶结相同，但颜色不同。绘制黄金蝴蝶结时，参考黄金色阶进行上色。

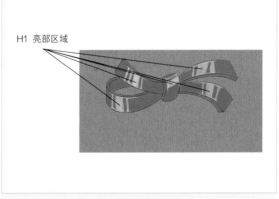

H1 亮部区域

01 将H2作为黄金的底色进行铺色，使用勾线笔将颜料均匀地涂在珠宝线稿之内，尽量不要覆盖线稿。

02 用H1刻画蝴蝶结的亮部。每一处淡黄色竖纹的宽度由中间向两侧依次递减。颜料厚度要适中，若水分过多会将底色翻起。

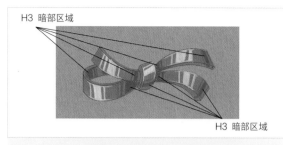

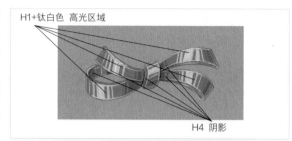

03 用H3刻画蝴蝶结的暗部。暗部要和亮部颜色有一定的间隔,以透出金属底色,如此通过3种颜色的阶梯式变化表现出金属的立体感与光影感。

04 用H4描绘珠宝的阴影,然后用H1加钛白色点上金属高光,以此加强明暗关系对比,丰富画面细节。阴影的颜色不要太深,用H4沿着金属结构线少量点缀即可。

◆ 2.1.4 18K 玫瑰金手绘技法

玫瑰金的颜色偏粉红,加上合金成分里的铜元素,其在弱光环境中的颜色会更加接近红铜色。因此在珠宝设计过程中,如遇到红色系、粉色系宝石,往往用玫瑰金作为搭配,以保持珠宝整体色调的统一性。

扫 码 观 看 视 频

宝诗龙玫瑰金戒指

◇ 玫瑰金色阶

玫瑰金的色阶由浅到深一共有3种颜色,我们将其分别命名为M1、M2、M3。3种颜色对应的调和颜料如下。

M1: 钛白色+少量橘红色+少量玫瑰红色。

M2: 钛白色+橘红色+玫瑰红色。

M3: 橘红色+玫瑰红色+深红色+少量钛白色。

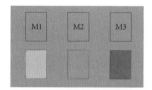

玫瑰金色阶

在玫瑰金珠宝的绘画中,M2为底色,M1为亮部颜色,M3为暗部颜色,高光的颜色在M1的基础上加少量白色即可得到,阴影最深处的颜色用M3加少量黑色即可得到。

◇ 玫瑰金色阶练习

如下图所示,在玫瑰金色阶练习中,根据其色阶编号依次填入相应的颜色,颜色关系需要遵循由图形形体所带来的明暗变化。

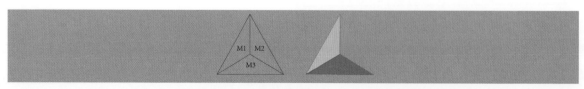

玫瑰金色阶练习

◇ 玫瑰金蝴蝶结

玫瑰金蝴蝶结的结构与白金蝴蝶结相同。绘制玫瑰金蝴蝶结时,参考玫瑰金色阶进行上色。

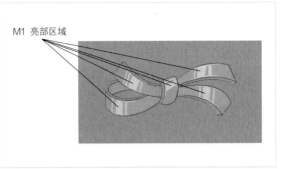

01 将M2作为玫瑰金的底色进行铺色,使用勾线笔将颜料均匀地涂在珠宝线稿之内,尽量不要覆盖线稿。

02 用M1刻画蝴蝶结的亮部。每一处淡粉色竖纹的宽度由中间向两侧依次递减。颜料厚度要适中,若水分过多会将底色翻起。

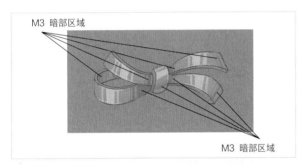

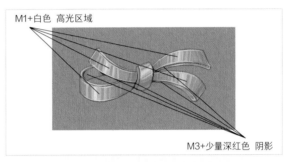

03 用M3刻画蝴蝶结的暗部。暗部要和亮部颜色有一定的间隔,以透出金属底色,如此通过3种颜色的阶梯式变化表现出金属的立体感与光影变化。

04 用M3加少量深红色描绘珠宝的阴影,用M1加白色点上金属高光,以此加强明暗关系的对比,丰富画面细节。阴影的颜色不要太深,用M3加少量深红色沿着金属结构线适量点缀即可。

❗ 提示

通过3种金属的绘画练习,我们可以看到珠宝设计手绘学习基础阶段的绘画顺序、手绘技法是非常系统并程式化的。这样的绘画学习方式看似缺乏自主创造性,实际上更加便于学习与理解,可使每位绘画者在学习之初就建立属于自己的珠宝绘画调色体系,这些特定的颜色可以帮助珠宝设计师在以后的学习和工作中保持高度的颜色统一性。

2.2 宝石手绘技法

宝石通常会因为在珠宝设计中担任"主角"而成为主要刻画对象,所以其手绘技法是珠宝设计手绘学习中需要掌握的重要内容。

与金属的画法不同,宝石种类繁多,色彩也更加丰富,但好在其造型固定、技法相通,相对易学。我们将以珠宝设计中宝石的分类顺序进行学习。在讲解各类宝石的手绘技法时,我们还会搭配不同的切割工艺进行同步练习与讲解,目的是让读者在学习手绘技法的过程中了解宝石在实际设计中常见的切割方式。

宝石七彩色相图

💎 2.2.1 珍稀宝石手绘技法

珠宝设计手绘中的珍稀宝石包括钻石、红宝石、蓝宝石以及祖母绿。在绘制刻面宝石的时候，我们通常有两种不同的手绘技法，一是简易刻面法，二是写实刻面法。

简易刻面法主要用于绘制小颗粒宝石。当宝石较小时，我们无法详尽地描绘出每一个切割刻面，或者为了节省作画时间，我们会对宝石刻面进行概括性的绘制。此种手绘技法比较适合初学者。

写实刻面法则是在绘画时最大程度地还原宝石的真实切割工艺的技法，常应用于大克拉宝石的绘制，更加适合职业设计师进行学习与技巧提升。在之后的宝石手绘技法教学中，我们会在部分案例中同时进行两种手绘技法的练习。

💎 钻石与圆形刻面切割

钻石（Diamond）是指经过琢磨的金刚石，它是一种十分坚硬的宝石，其高折光率所带来的宝石火彩是其他宝石无法媲美的。

扫码观看视频

> ❶ 提示
> **什么是宝石火彩？**
> 宝石火彩是指宝石在自然光下，在其自身晶体结构及切割工艺的共同作用下，对光线产生的折射现象。折射后的光线在被观者的视觉神经系统捕捉后，会让观者产生宝石自身正在熠熠生辉的视觉效果。宝石的切割工艺越好、折射率越高，其火彩就越夺目。

钻石是珠宝设计中常用的宝石之一，以白色钻石进行起始练习可以让我们更好地了解宝石刻画时的明暗关系。钻石的代表性切割就是圆形刻面切割，即Brilliant cut，直译为明亮式切割。

钻石裸石

圆形刻面切割

> ❶ 提示
> 圆形刻面切割是一种极力展现宝石火彩的切割方式，采用这种切割方式的宝石，一般有57~58个切面，虽然名钻"摄政王"让此种切割方式名声大噪，但是在此之前甚至之后的一段时间里，匠人们都一直偏向于采用玫瑰式切割方式。与圆形刻面切割不同，玫瑰

式切割会在牺牲一定的宝石火彩效果的情况下减少切割损耗，最大程度地保留原石。1919年，波兰数学家马歇尔演算出理论上钻石反射最大量光线的切割方程式，从而进一步优化了圆形刻面切割的宝石的火彩效果。

重140.5Ct的"摄政王"钻石

简易刻面法

运用简易刻面法绘制圆形刻面切割的钻石的流程示意图如下。

运用简易刻面法绘制圆形刻面切割的钻石的具体步骤如下。

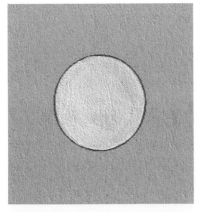

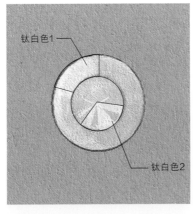

钛白色1

钛白色2

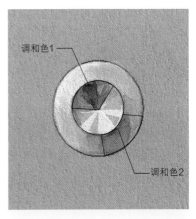

调和色1

调和色2

01 选用钛白色作为底色进行铺色，颜色要上得薄一些，这样画出来的钻石会更加通透，也避免之后绘画时将底色翻起。

02 刻画钻石的亮部。画出同心圆，以确定钻石台面的位置。内圆直径为外圆直径的3/5左右，内圆太大会让钻石失去立体感，太小则会让钻石台面显得过高。在内圆的右下角及外圆的左上角用钛白色提亮。

03 刻画钻石的暗部。使用黑色和极少量的普蓝色调出宝石的暗部颜色，调色过程中水分要多一些，令颜色薄一些，之后分别在内圆的左上角和外圆的右下角进行绘制。

ℹ **提示**

提亮时，左上角部分可用勾线笔向两端晕染，台面部分的亮部可分为多个三角形区域，从而增强刻面的表现力。

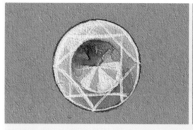

装饰性高光区

基础性高光点

04 绘制刻面。用钛白色紧贴内圆的外边缘画出一个微微内凹的方形，如图中的蓝线部分所示。将画纸旋转45°画出第2个相同的方形，如图中的红线部分所示。再沿着钻石内边缘勾勒出圆形轮廓，如图中的绿线部分所示。

> **！ 提示**
>
> 　　此步骤的难点在于刻面线条的绘制。调和颜料时注意颜料要均匀，水分也要适中。绘制时笔尖不要蘸取过多的颜料，若不能保证一次画好，可以先在另一张纸上多试几次再上色，或者先用铅笔在宝石上轻轻地勾勒出刻面草图，再蘸取颜料沿着刻面草图进行绘制。

05 刻画高光。根据钻石的大小，一般会在钻石台面的暗部用钛白色画1~3个基础性高光点。对于一些比较大的钻石，我们可以增加几个装饰性高光区，使钻石显得更加闪亮。点高光所用的颜料可以调和得浓厚一些，以完全遮盖底色为宜。

写实刻面法

运用写实刻面法绘制圆形刻面切割的钻石的流程示意图如下。

运用写实刻面法绘制圆形刻面切割的钻石的具体步骤如下。

01 画出两个同心圆以确定台面位置，内圆与外圆的直径的比例大约为3∶5。

02 画出米字形辅助线，相邻的两条辅助线之间的夹角为45°，得到辅助线与内圆的交点，如下图中的红点所示。

> **！ 提示**
>
> 　　绘制线稿时，我们一般选用0.3mm的自动铅笔，线条不必画得太黑，清晰可见即可。

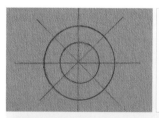 

03 连接辅助线与内圆的交点，并用橡皮擦去小圆，从而得到钻石的台面刻面线，如图中圆内的八边形所示。

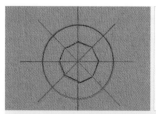 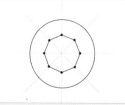

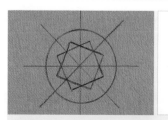 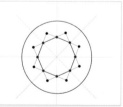

04 延长八边形的每一条边，使线条相交得到新的刻面线及刻面交点，如图中的蓝线与蓝点所示。

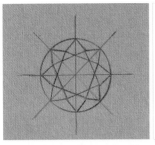 

05 将上一步骤的蓝点与米字形辅助线和外圆产生的交点相连，再一次得到刻面线，如图中的绿线所示。

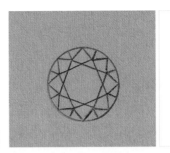 

06 擦去辅助线，连接蓝点与每个外侧圆弧的中点，得到新的刻面线，如图中的红线所示。

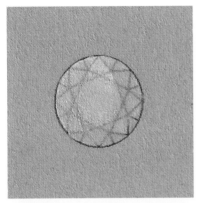

07 使用钛白色铺底色，注意颜色要薄而透。

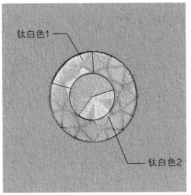

钛白色1
钛白色2

08 刻画亮部，在台面的右下角和钻石的左上角用钛白色提亮。

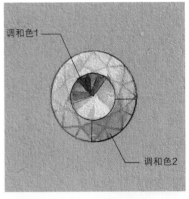

调和色1
调和色2

09 刻画暗部。使用黑色和极少量的普蓝色调出钻石的暗部颜色，水分多一些，颜色薄一些，分别在台面的左上角和钻石的右下角进行绘制。

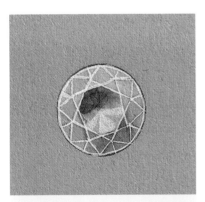

10 使用钛白色，用勾线笔沿着刻面线的线稿进行勾画，直至将线稿完全覆盖。

装饰性高光区
基础性高光点

11 刻画高光。在钻石台面的暗部用钛白色画1~3个基础性高光点，点高光所用的颜料可以调和得浓厚一些，以完全遮盖底色为宜。此外，我们可以在刻面交叉的位置添画几个装饰性高光区，使钻石显得更加闪亮。

宝诗龙钻石戒指

◇ 红宝石与椭圆形刻面切割

红宝石（Ruby）一直深受亚洲人喜爱，尤其是鸽血红宝石，暖色调的特质使其在设计应用中可以和铂金、黄金以及三色K金等多种常用金属进行搭配。由于红宝石的硬度很高，它的切割方式也很多样，常见的有圆形刻面切割、椭圆形刻面切割、梨形刻面切割。

圆形刻面切割的红宝石　　椭圆形刻面切割的红宝石　　梨形刻面切割的红宝石

椭圆形刻面切割和圆形刻面切割非常相似，前者就像是后者的拉长版。红宝石的绘制与之前所讲的钻石相比，除了颜色有所变化，绘画步骤基本一致。

红宝石裸石

椭圆形刻面切割

简易刻面法

运用简易刻面法绘制椭圆形刻面切割的红宝石的流程示意图如下。

运用简易刻面法绘制椭圆形刻面切割的红宝石的具体步骤如下。

01 选用大红色作为底色进行铺色，颜料厚度适中。

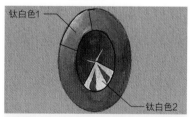

钛白色1

钛白色2

02 刻画亮部。画出两个同心椭圆，以确定红宝石台面的位置。内外椭圆的宽度比约为3∶5，在内椭圆的右下角和外椭圆的左上角用钛白色提亮。

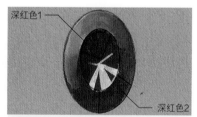

深红色1

深红色2

03 刻画暗部。用深红色分别在内椭圆的左上角、外椭圆的右下角进行绘制。

! 提示

除了深红色外，设计师还可以根据所需绘制的红宝石的真实颜色调整暗部的颜色。例如当红宝石的颜色比较深时，可以在深红色中加入适量的黑色。

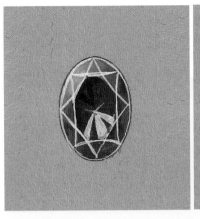 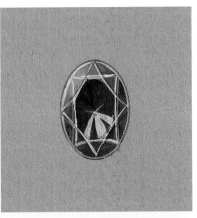 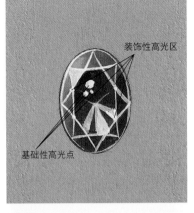

04 绘制刻面。用钛白色紧贴内椭圆的外边缘画一个微微内凹的长方形，如图中的蓝线所示；然后画出一个微微内凹的菱形，如图中的红线所示；接着沿着红宝石的内边缘勾勒出椭圆形轮廓，如图中的绿线所示。

05 刻画高光。用钛白色画上基础性高光点及装饰性高光区。

写实刻面法

运用写实刻面法绘制椭圆形刻面切割的红宝石的流程示意图如下。

运用写实刻面法绘制椭圆形刻面切割的红宝石的具体步骤如下。

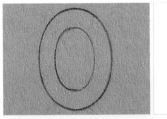 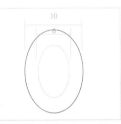

01 画出同心椭圆以确定台面的位置，内、外两个椭圆的宽度比为3：5。

02 画出米字形辅助线，得到辅助线与内椭圆的交点，如图中的红点所示。

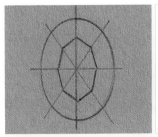 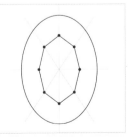

03 连接辅助线与内椭圆的交点，得到红宝石的台面刻面线。

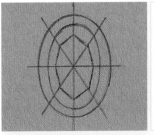 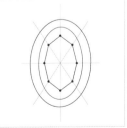

04 在两个同心椭圆之间再画一个同心椭圆作为辅助线，如图中的蓝色椭圆所示。

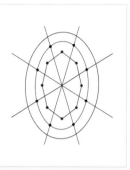

05 画出蓝色的星状辅助线,得到辅助线与蓝色椭圆的交点,如图中的蓝点所示。

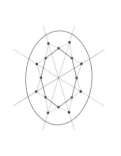

06 连接红点与蓝点,得到如图所示的浅蓝色的刻面线,用橡皮擦去蓝色椭圆。

> **❶ 提示**
> 由于辅助线过多不便于观察和绘画,因此绘制这一步时可以先用橡皮擦去第2步所画的米字形辅助线,再画出新的辅助线。

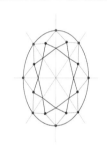

07 擦除星状辅助线,重新画出米字形辅助线。连接蓝点与米字形辅助线和外椭圆的交点,得到如图所示的绿色刻面线。

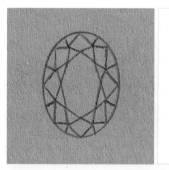

08 连接蓝点与每个外侧圆弧的中点,如图中的红线所示,得到完整的刻面线。

09 选用大红色作为底色进行铺色。

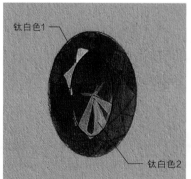

钛白色1

钛白色2

10 刻画亮部。在台面的右下角和红宝石的左上角用钛白色提亮。

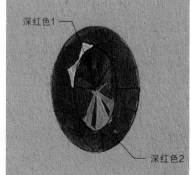

深红色1

深红色2

11 刻画暗部。用深红色在台面的左上角和红宝石的右下角进行暗部的刻画。

> **❶ 提示**
> 与钻石相比,红宝石的底色更深,容易遮挡线稿,所以我们可以在铺完底色后用铅笔补画一下线稿。

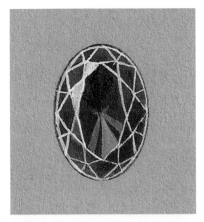

装饰性高光区

基础性高光点

12 使用钛白色和勾线笔沿着刻面线稿进行勾画，直至将线稿完全覆盖。

13 用钛白色刻画高光，画上基础性高光点及装饰性高光区。

卡地亚红宝石戒指

蓝宝石与梨形刻面切割

　　蓝宝石（Sapphire）与红宝石同属刚玉一族。但和红宝石在亚洲购买者中受到强烈追捧不同，蓝宝石最受欢迎的地方是欧洲地区。早期的欧洲由于颜色染料提取工艺上的限制，蓝紫色系的染料及衣物一直是一种稀缺资源，蓝色甚至一度成为王室的专属颜色，蓝宝石的地位可想而知。如今，一些颜色纯正的天然蓝宝石往往被称为皇家蓝宝石。

扫码观看视频

蓝宝石裸石

梨形刻面切割

简易刻面法

　　运用简易刻面法绘制梨形刻面切割的蓝宝石的流程示意图如下。

　　运用简易刻面法绘制梨形刻面切割的蓝宝石的具体步骤如下。

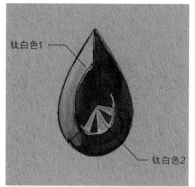

钛白色1

钛白色2

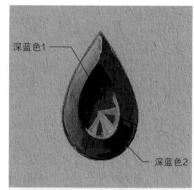

深蓝色1

深蓝色2

01 选用宝石蓝色作为底色进行铺色，颜料厚度适中。

02 刻画亮部。先画出内部的小梨形以确定蓝宝石台面的位置，然后在蓝宝石的左上角和台面的右下角用钛白色提亮。

03 刻画暗部。使用蓝色和黑色调和而成的深蓝色分别在台面的左上角和蓝宝石的右下角进行绘制。

> **提示**
> 若所用颜料中没有宝石蓝色，可以用钴蓝色加群青色进行调和，以得到需要的颜色。

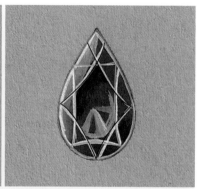

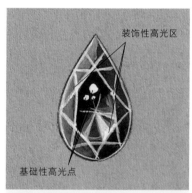

装饰性高光区

基础性高光点

04 绘制刻面。用钛白色画出一个微微内凹的长方形，如图中的蓝线所示；然后画出一个边缘线在上方向外延伸的内凹菱形，如图中的红线所示；接着沿蓝宝石内边缘勾勒出梨形轮廓，如图中的绿线所示。

05 刻画高光。使用钛白色画出基础性高光点及装饰性高光区。

写实刻面法

运用写实刻面法绘制梨形刻面切割的蓝宝石的流程示意图如下。

在钻石及红宝石的写实刻面法学习中，我们使用了一系列辅助线及几何定点的方式来绘制宝石刻面，这种方法虽然制图精准，却略显烦琐。在实际的绘画中，为了降低绘图时的烦琐程度，我们可以使用硫酸纸，通过硫酸纸绘图法来进行复杂宝石刻面的绘制。

硫酸纸是一种半透明纸张，常见的有70g、90g、150g和200g等克重规格，克重越小，纸张的厚度越薄，复制效果也就越好。

右图所示的是绘制珠宝时用硫酸纸拓印的线稿模板图。

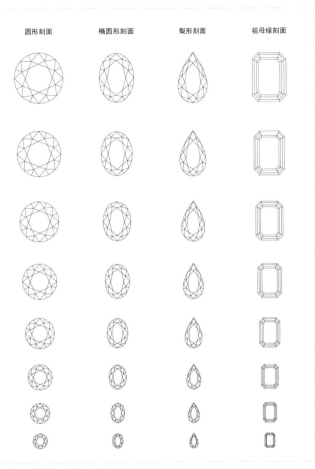

硫酸纸（150g）

线稿模板图（一）

运用写实刻面法绘制梨形刻面切割的蓝宝石的具体步骤如下。

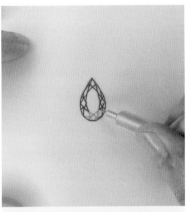

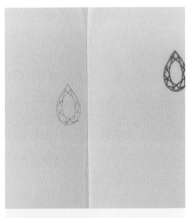

01 将70g的硫酸纸覆盖在线稿模板图上，用铅笔在硫酸纸上描出需要的宝石刻面。

02 翻转硫酸纸，使纸张背面朝上，然后在硫酸纸的下面放上绘画所需的灰卡纸，沿着硫酸纸背面透出的刻面线用铅笔描绘一遍，描绘时要稍稍用力，目的是让硫酸纸正面的铅粉拓印在灰卡纸之上。

03 移开硫酸纸，得到拓印在灰卡纸上的宝石刻面，若刻面不够清晰，可用铅笔加以强调。

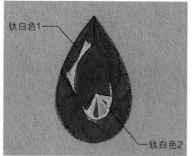

钛白色1

钛白色2

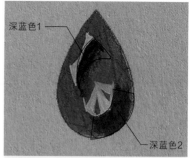

深蓝色1

深蓝色2

04 用宝石蓝色作为底色进行铺色，颜料厚度适中。

05 刻画亮部。用钛白色在蓝宝石的左上角及台面的右下角进行提亮。

06 刻画暗部。用深蓝色在台面的左上角及蓝宝石的右下角进行绘制。

> **⚠ 提示**
>
> 蓝宝石的底色和红宝石的底色一样，容易遮挡线稿，可以在铺完底色后用铅笔补画一下线稿。

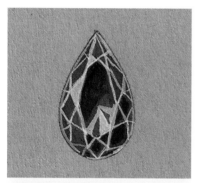

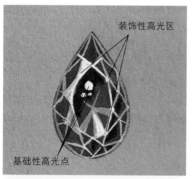

装饰性高光区

基础性高光点

07 用钛白色沿着刻面线稿勾画，直至将刻面线稿完全覆盖。

08 刻画高光。用钛白色画上基础性高光点及装饰性高光区。

卡地亚蓝宝石戒指

💎 祖母绿与祖母绿刻面切割

祖母绿（Emerald）作为四大珍稀宝石之一，有着"绿宝石之王"的美称。祖母绿的主要产区集中在拉丁美洲，其中哥伦比亚出产的祖母绿的颜色和质地皆为上乘，其特有的翠绿色是其他产区无法比拟的。

祖母绿的硬度相对其他珍稀宝石较低，加上其晶体结构及内部包体较多，祖母绿珠宝的加工、镶嵌难度要高于其他珍稀宝石。为了降低镶嵌时的碎石风险，我们一般会选用质地较软的18K黄金或24K黄金进行最后一步的镶嵌加工，而一些大克拉的祖母绿在制作之初还需要购买巨额的意外保险。

扫码观看视频

祖母绿裸石

祖母绿刻面切割

祖母绿刻面切割的祖母绿的手绘技法并没有简易刻面法和写实刻面法之分，其手绘流程示意图如下。

绘制祖母绿刻面切割的祖母绿的具体步骤如下。

01 利用硫酸纸通过硫酸纸绘图法画出祖母绿的刻面，并用祖母绿色作为底色进行铺色。

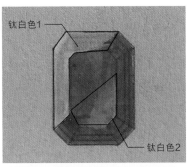

钛白色1
钛白色2

02 刻画亮部。用钛白色提亮祖母绿的左上角及台面的右下角。

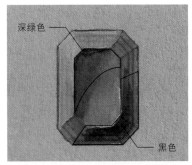

深绿色
黑色

03 刻画暗部。分别用深绿色和黑色在台面的左上角和祖母绿的右下角进行绘制。

> ! 提示
>
> 若使用的颜料中没有祖母绿色，可以用深绿色加翠绿色进行调和，以得到需要的颜色。此外，每颗祖母绿的产区和成色不同，在底色的调和过程中可以加入适量的柠檬黄色以中和色调。

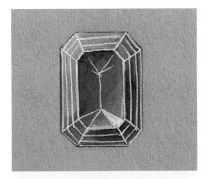

04 用勾线笔蘸取钛白色沿着刻面线稿勾画，直至将刻面线稿完全覆盖，并刻画祖母绿台面的中心刻面线。

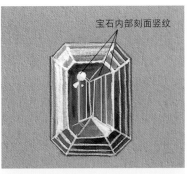

宝石内部刻面竖纹

05 使用稀释后的钛白色在祖母绿台面上添画一些宝石内部刻面竖纹，最后画上基础性高光点和装饰性高光区。

梵克雅宝（Van Cleef & Arpels）祖母绿戒指

> ! 提示
>
> 在刻画祖母绿台面的中心刻面线时，应先画一条短直线，然后从直线的两端向外发散。

> ! 提示
>
> 若需要绘制的祖母绿较小，在遵循基本绘画步骤的同时，少绘制一层祖母绿的刻面线即可。

◆ 2.2.2 彩色宝石手绘技法

彩色宝石的价格相对较低，但其颜色和属性的多样性是四大珍稀宝石无法企及的，一些大克拉的彩色宝石常常在高级珠宝设计中出任主石角色。

路易·威登（Louis Vuitton）彩色宝石手绘图

由于彩色宝石颜色的多样性，我们在画每一颗宝石的时候都要根据其真实的颜色去进行调和，再加上多变的宝石切割工艺，彩色宝石的手绘技法就更加灵活。

| 祖母绿刻面（变形版） | 球形刻面 | 枕形刻面 | 三角形刻面 | 梭形刻面 |

线稿模板图

| 雷恩刻面 | 公主方刻面 | 阿斯切刻面 | 方枕形刻面 | 水滴形刻面 |

线稿模板图

碧玺与祖母绿刻面切割(变形版)

碧玺(Tourmaline)又名电气石,它含有很多金属元素,例如铝、铁、镁、钠、锂、钾等,因此碧玺所呈现的颜色非常丰富。常见的碧玺颜色有红色、绿色、蓝色,其中以红绿双色碧玺最具代表性,并且因其色彩变化酷似西瓜,故被称为西瓜碧玺。碧玺的主要产地包括巴西的米纳斯吉拉斯州及美国的加利福尼亚州,其中巴西的米纳斯吉拉斯州是世界上高品质碧玺的代表产地。

扫码观看视频

碧玺

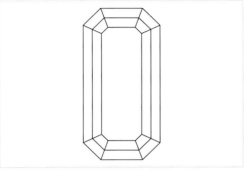

祖母绿刻面切割(变形版)

祖母绿刻面切割(变形版)的碧玺的手绘流程示意图如下。

绘制祖母绿刻面切割(变形版)的碧玺的具体步骤如下。

01 利用硫酸纸通过硫酸纸绘图法画出碧玺的刻面,并用红色和绿色作为底色进行铺色。

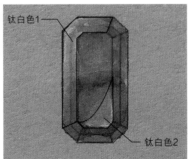

钛白色1

钛白色2

02 刻画亮部。用钛白色为碧玺的左上角及台面的右下角提亮。

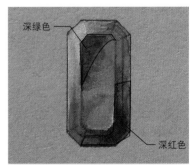

深绿色

深红色

03 刻画暗部。用深绿色在台面的左上角进行绘制,用深红色在碧玺的右下角进行绘制。

> ⓘ **提示**
>
> 黄色线框区域为西瓜碧玺的颜色渐变区域,在铺色时,上下两端颜料用的多一点,中间的颜料少一点,多加水,以形成双色的自然过渡效果。西瓜碧玺的手绘技法与祖母绿的手绘技法基本一致,前者的难点在于起始阶段的双色晕染与过渡。

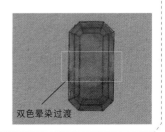

双色晕染过渡

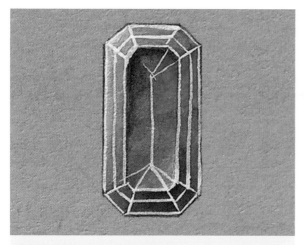

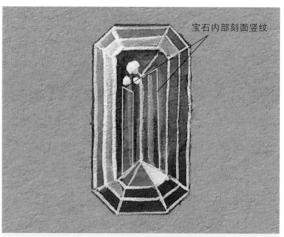

宝石内部刻面竖纹

04 用钛白色沿着刻面线稿勾画，直至将刻面线稿完全覆盖，并画出台面的中心刻面线。

05 使用稀释后的钛白色在碧玺台面上添画一些宝石内部刻面竖纹，最后画上基础性高光点和装饰性高光区。

> **ⓘ 提示**
>
> 在刻画碧玺的刻面线时，与祖母绿一样需要注意刻画台面的中心刻面线，应先在碧玺的台面内部画一条短直线，之后从直线的两端向外发散。

💎 海蓝宝石与球形刻面切割

海蓝宝石（Aquamarine）与祖母绿同属绿柱石家族，但和祖母绿多包体的性质不同，海蓝宝石通透明亮、干净无瑕。海蓝宝石的主要产地为巴西、俄罗斯。由于受到海蓝宝石所含铍离子和铁离子的影响，其颜色透彻清新且色度较低。在设计时，若想展现海蓝宝石的纯净感，可以搭配白色系的铂金、钻石等材质来进行创作。

扫码观看视频

在通常情况下，海蓝宝石多使用祖母绿刻面切割，但本书以海蓝宝石的球形刻面切割为例进行讲解。

海蓝宝石

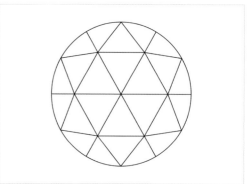

球形刻面切割

球形刻面切割的海蓝宝石的手绘流程示意图如下。

绘制球形刻面切割的海蓝宝石的具体步骤如下。

亮部刻画区域

01 利用硫酸纸通过硫酸纸绘图法画出海蓝宝石的刻面,并用稀释的湖蓝色作为底色进行铺色。

02 使用勾线笔和钛白色沿着刻面线稿勾画,直至将刻面线稿完全覆盖。

03 刻画亮部。用钛白色对海蓝宝石左上角的刻面区域进行提亮。

> ❶ **提示**
>
> 刻画亮部时需要以刻面为单位进行绘制,逐一提亮。

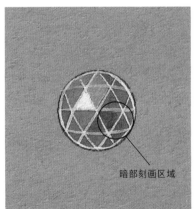

重点提亮刻面

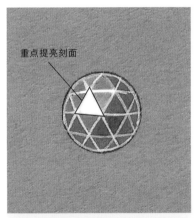

暗部刻画区域

04 刻画暗部。使用深蓝色在海蓝宝石右下角的刻面区域进行绘制。

05 使用钛白色进一步提高左上角的三角形刻面和刻面线的亮度。

宝诗龙海蓝宝石戒指

> ❶ **提示**
>
> 为了更好地表现球形刻面的立体感,在调和颜色时可增强颜色的明暗对比,例如在绘画完成之后用更深的颜色去加深海蓝宝石暗部的色调。

💎 坦桑石与枕形刻面切割

坦桑石(Tanzanite)又称丹泉石,是一种新兴宝石,直到1967年才被人发现。蓝紫色是坦桑石的主要颜色,和蓝宝石相比其色彩更为通透。坦桑石的硬度较低,加工镶嵌的风险相对较高。

坦桑石由于产地单一,产量较少,故其价格在彩色宝石中相对较高。在设计预算有限的情况下,可以酌情考虑使用其他蓝紫色系的宝石来代替,例如紫色蓝宝石、蓝紫色尖晶石等。

扫码观看视频

坦桑石

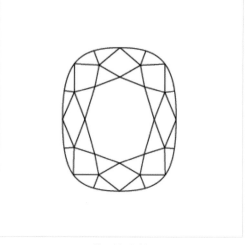

枕形刻面切割

简易刻面法

运用简易刻面法绘制枕形刻面切割的坦桑石的流程示意图如下。

运用简易刻面法绘制枕形刻面切割的坦桑石的具体步骤如下。

01 铺底色。将群青色、钴蓝色以及少量紫罗兰色均匀调和,加入适量的水调出底色,将底色铺填在线稿内。在实际绘制中,要根据所绘坦桑石的实际颜色调整紫罗兰色颜料的用量。

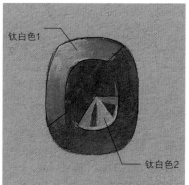

钛白色1

钛白色2

02 刻画亮部。画出内部的小枕形,确定坦桑石台面的位置,然后在坦桑石的左上角和台面的右下角用钛白色提亮。

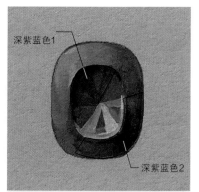

深紫蓝色1

深紫蓝色2

03 刻画暗部。在原有底色基础上加入少量黑色调和出深紫蓝色,然后在台面的左上角和坦桑石的右下角进行绘制。

> **❗ 提示**
>
> 提亮时用勾线笔从坦桑石的左上角部分开始向两端晕染,可将台面部分的亮部分为几个三角形区域进行绘制,从而得到简单的刻面效果。

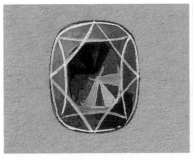
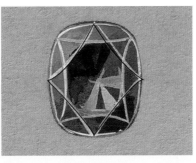

装饰性高光区

基础性高光点

04 绘制刻面。用钛白色紧贴坦桑石台面的外边缘画出一个微微内凹的长方形，如图中的蓝线所示；然后画出一个内凹的菱形，如图中的红线所示；接着沿坦桑石内边缘勾勒出椭圆形轮廓，如图中的绿线所示。

05 刻画高光。用钛白色画出基础性高光点及装饰性高光区。

> **提示**
> 枕形切割刻面线的手绘技法与圆形切割刻面线和椭圆形切割刻面线的手绘技法一致，因此在练习时可以对钻石、红宝石的手绘技法进行参考与回顾。

写实刻面法

运用写实刻面法绘制枕形刻面切割的坦桑石的流程示意图如下。

运用写实刻面法绘制枕形刻面切割的坦桑石的具体步骤如下。

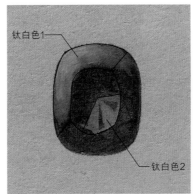
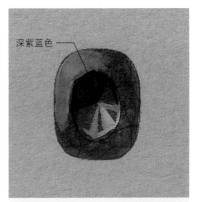

钛白色1

钛白色2

深紫蓝色

01 利用硫酸纸通过硫酸纸绘图法画出坦桑石的刻面，并铺上用群青色、钴蓝色和紫罗兰色调出的底色。

02 刻画亮部。用钛白色在坦桑石的左上角及台面的右下角进行提亮。

03 刻画暗部。使用深蓝紫色在台面左上角进行绘制。

> **提示**
> 深蓝紫色可用群青色、钴蓝色和紫罗兰色加少量黑色调和而成，而在刻画一些颜色较深的坦桑石时，暗部的颜色可直接用纯黑色绘制。

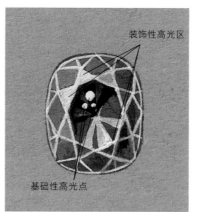

装饰性高光区

基础性高光点

04 使用钛白色沿着刻面线稿勾画，直至将刻面线稿完全覆盖。

05 在坦桑石右下角的刻面加一些暗部颜色以增强立体感，然后使用钛白色画出基础性高光点及装饰性高光区。

宝诗龙坦桑石戒指

> **提示**
>
> 坦桑石的刻画难点在于底色的调和，色调需要达到蓝中带紫的效果，以和蓝宝石进行有效区别。

沙弗莱石与三角形刻面切割

沙弗莱石（Tsavorite）的化学名称为铬钒钙铝榴石，和坦桑石同属新兴宝石。高火彩、较低的硬度以及翠嫩欲滴的叶绿色是沙弗莱石的显著特征。常见的沙弗莱石都很小，很少有大克拉沙弗莱石产出，因此在设计过程中，沙弗莱石往往作为配石来使用。

扫码观看视频

沙弗莱石

三角形刻面切割

简易刻面法

运用简易刻面法绘制三角形刻面切割的沙弗莱石的流程示意图如下。

运用简易刻面法绘制三角形刻面切割的沙弗莱石的具体步骤如下。

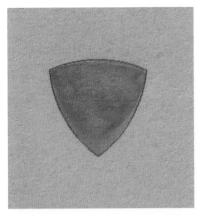

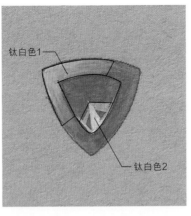

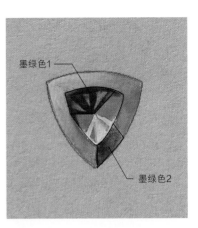

01 铺底色。用适当稀释的中绿色铺填线稿。

02 刻画亮部。先画出内部的外凸三角形，确定沙弗莱石台面的位置，然后在沙弗莱石的左上角和台面的右下角用钛白色提亮。

03 刻画暗部。使用底色加黑色调和成的墨绿色，在台面的左上角和沙弗莱石的右下角进行绘制。

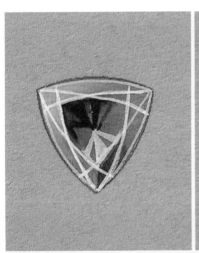

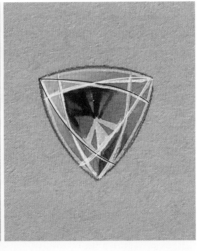

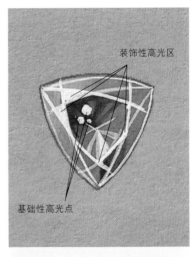

04 用钛白色分别从3个顶点出发画出V字线条，分别如图中的蓝色、红色、黄色线条所示，然后沿着沙弗莱石内边缘勾勒出三角形轮廓。

05 使用钛白色画出基础性高光点及装饰性高光区。

写实刻面法

运用写实刻面法绘制三角形刻面切割的沙弗莱石的流程示意图如下。

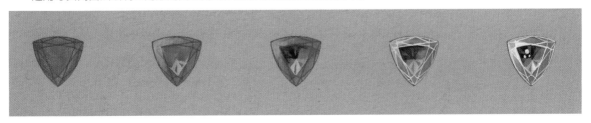

运用写实刻面法绘制三角形刻面切割的沙弗莱石的具体步骤如下。

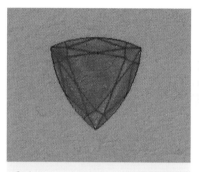

01 利用硫酸纸通过硫酸纸绘图法画出沙弗莱石刻面，并铺上适当稀释的中绿色底色。

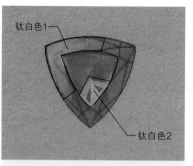

02 刻画亮部。用钛白色在沙弗莱石左上角及台面右下角进行提亮。

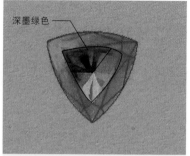

03 刻画暗部。使用深墨绿色在台面左上角进行绘制。

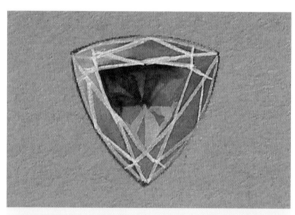

04 使用钛白色沿着刻面线稿勾画，直至将刻面线稿完全覆盖。

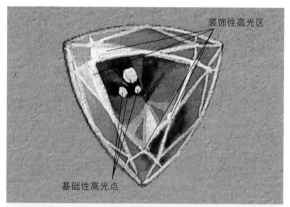

05 在沙弗莱石右下角的刻面加一些暗部颜色以增强立体感，然后使用钛白画出基础性高光点及装饰性高光区。

> **❶ 提示**
>
> 沙弗莱石的颜色最深处可直接用黑色进行刻画，以增强颜色的纯度对比，体现其特有的翠绿感。

◇ 橄榄石与梭形刻面切割

橄榄石（Peridot）与沙弗莱石同属绿色系宝石，切割工艺也很相似，二者的不同之处在于前者的颜色为绿中偏黄，呈橄榄色，并因此得名。橄榄石非常古老，发现于古埃及时期，象征着和平与友善。橄榄石的火彩效果弱于沙弗莱石，色彩艳丽程度相对内敛，因此在作为配石使用时不会夺走主石的光彩。

扫码观看视频

橄榄石

梭形刻面切割

简易刻面法

运用简易刻面法绘制梭形刻面切割的橄榄石的流程示意图如下。

运用简易刻面法绘制梭形刻面切割的橄榄石的具体步骤如下。

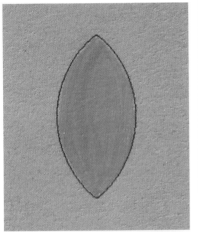

01 铺底色。用淡绿色、柠檬黄色加适量的水调和后铺填橄榄石线稿。

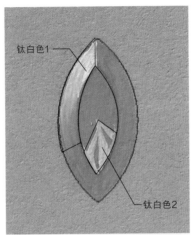

钛白色1

钛白色2

02 刻画亮部。先画出内部的小梭形，确定橄榄石台面的位置，然后在橄榄石的左上角和台面的右下角用钛白色进行提亮。

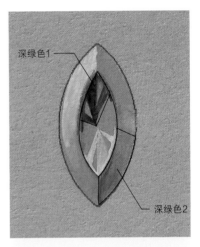

深绿色1

深绿色2

03 刻画暗部。使用底色加黑色调和成的深绿色，在台面的左上角和橄榄石的右下角进行绘制。

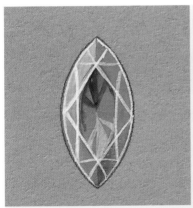

04 绘制刻面。用钛白色紧贴橄榄石台面的外边缘画出一个微微内凹的长方形，如图中的蓝线所示；然后画出一个边缘线在上、下方各自向外延伸的菱形，如图中的红线所示；接着沿橄榄石内边缘勾勒出椭圆形轮廓，如图中的黄线所示。

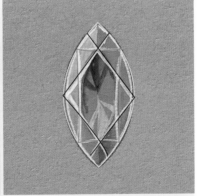

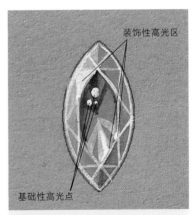

装饰性高光区

基础性高光点

05 刻画高光。使用钛白色画出基础性高光点及装饰性高光区。

写实刻面法

运用写实刻面法绘制梭形刻面切割的橄榄石的流程示意图如下。

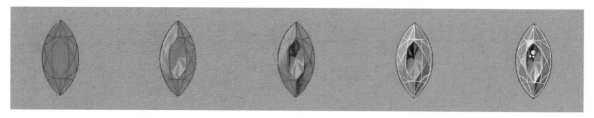

运用写实刻面法绘制梭形刻面切割的橄榄石的具体步骤如下。

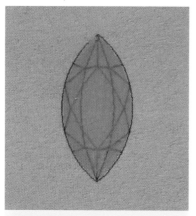

01 利用硫酸纸通过硫酸纸绘图法画出橄榄石的刻面，并铺上用淡绿色、柠檬黄色加水调和出的草绿色底色。

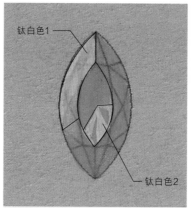

钛白色1
钛白色2

02 刻画亮部。用钛白色在橄榄石左上角及台面右下角进行提亮。

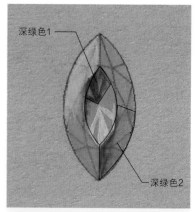

深绿色1
深绿色2

03 刻画暗部。使用底色加黑色调和成的深绿色，在台面的左上角和橄榄石的右下角进行绘制。

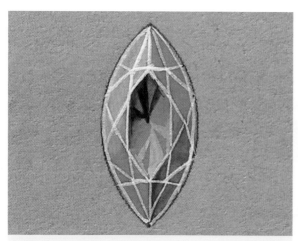

04 进一步加深暗部，然后使用钛白色沿着刻面线稿勾画，直至将刻面线稿完全覆盖。

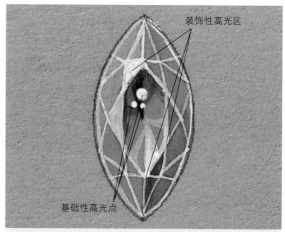

装饰性高光区
基础性高光点

05 刻画高光。使用钛白色画出基础性高光点及装饰性高光区。

! 提示

　　在绘制橄榄石时，橄榄石整体偏草绿色，要注意与沙弗莱石的翠绿色做对比和区分。例如在绘制沙弗莱石的时候可多加一些翠绿色来铺底色；而在绘制橄榄石时，其底色的调和要以草绿色为主。

◇ 摩根石与枕形刻面切割

　　摩根石（Morganite）与祖母绿、海蓝宝石同属绿柱石家族。摩根石由其所含的锰元素致色，多数情况下呈淡粉色，主要产地为巴西、意大利和纳米比亚。

　　摩根石的色彩极其独特，拥有其他宝石所不具有的透粉色，它的基本颜色虽为粉色，但根据其品质的不同往往会伴有一些橘色系的色彩。因此，高品质、大克拉的摩根石可以作为高级珠宝设计中的主石来使用。

扫码观看视频

摩根石

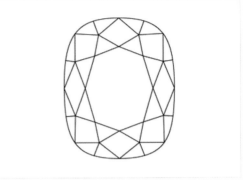

枕形刻面切割

　　枕形刻面切割的摩根石的手绘流程示意图如下。

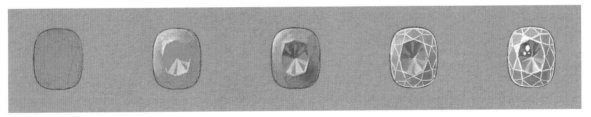

　　枕形刻面切割的摩根石的手绘具体步骤如下。

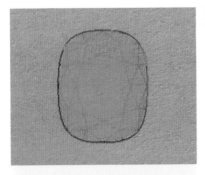

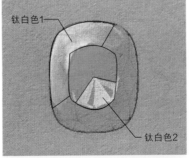

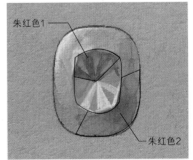

01 利用硫酸纸通过硫酸纸绘图法画出摩根石的刻面，然后用橘红色、朱红色加少量钛白色调出底色，将底色均匀地铺填在线稿内。

02 刻画亮部。用钛白色在摩根石的左上角及台面的右下角进行提亮。

03 刻画暗部。用朱红色在台面的左上角和摩根石的右下角进行绘制。

> **⓵ 提示**
> 　　摩根石的底色与玫瑰金的底色相似，不过摩根石更偏橘色调。

> **⓵ 提示**
> 　　摩根石的暗部颜色不需要刻画得如实物般深暗，实际绘画时可根据摩根石的颜色在朱红色的基础上加入少量的黑色来进行暗部的刻画，若黑色过量会显得摩根石纯度过低，暗沉无光。

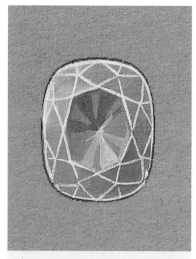

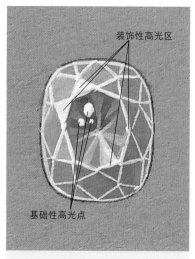

装饰性高光区

基础性高光点

宝诗龙摩根石项链

04 使用钛白色沿着刻面线稿勾画，直至将刻面线稿完全覆盖。

05 刻画高光。用钛白色画出基础性高光点及装饰性高光区。

石榴石与雷恩刻面切割

　　石榴石（Garnet）的颜色与石榴籽相近，多呈红紫色，其致色元素主要为铬和铁。石榴石在红色系宝石中产量相对较高，价格较低 。石榴石的颜色相对较暗，色彩明度低，高品质的石榴石并不多见且颗粒较小，因此在设计过程中，石榴石往往作为配石使用。

扫码观看视频

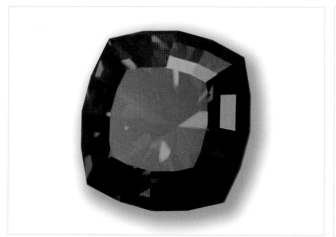

石榴石

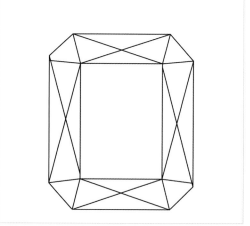

雷恩刻面切割

　　雷恩刻面切割的石榴石的手绘流程示意图如下。

绘制雷恩刻面切割的石榴石的具体步骤如下。

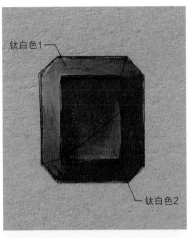
钛白色1
钛白色2

深红色1
深红色2

01 利用硫酸纸通过硫酸纸绘图法画出石榴石的刻面，然后用大红色加少量玫瑰红色调出底色，将底色均匀地铺填在线稿内。

02 刻画亮部。用钛白色在石榴石的左上角及台面的右下角进行提亮。

03 刻画暗部。用深红色在台面的左上角和石榴石的右下角进行绘制。

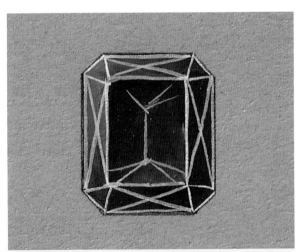

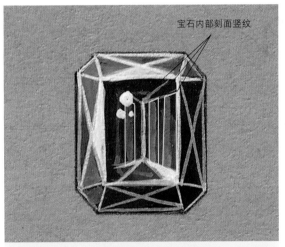
宝石内部刻面竖纹

04 使用钛白色沿着刻面线稿勾画，直至将刻面线稿完全覆盖。

05 用稀释后的钛白色在石榴石台面上添画一些宝石内部刻面竖纹，最后用钛白色画出基础性高光点和装饰性高光区。

> ❶ 提示
>
> 　　在刻画石榴石的刻面线时，需要注意刻画石榴石台面的中心刻面线的方法，先在石榴石的台面内部画一条短直线，然后从直线的两端向外发散。

💎 尖晶石与公主方刻面切割

　　尖晶石（Spinel）多呈鲜红色或者浅红色，火彩效果极好，在红色系宝石中，其价值和受欢迎程度丝毫不亚于四大珍稀宝石之一的红宝石。天然尖晶石的原石外形为立方结晶，有尖锐的晶体角，因此得名。在设计过程中，尖晶石可与三色金属进行搭配，但其中效果最好的是18K玫瑰金。

尖晶石

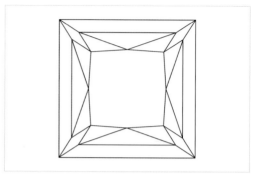

公主方刻面切割

公主方刻面切割的尖晶石的手绘流程示意图如下。

公主方刻面切割的尖晶石的手绘具体步骤如下。

01 利用硫酸纸通过硫酸纸绘图法画出尖晶石的刻面，然后用红色铺底色。

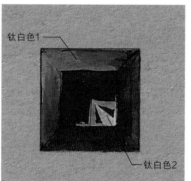

02 刻画亮部。用钛白色在尖晶石的左上角及台面的右下角进行提亮。

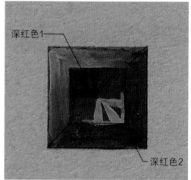

03 刻画暗部。用深红色在台面的左上角和尖晶石的右下角进行绘制。

04 用钛白色沿着刻面线稿勾画，直至将刻面线稿完全覆盖。

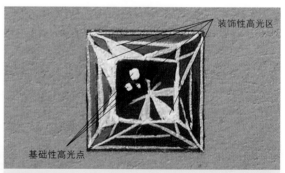

05 刻画高光。用钛白色画出基础性高光点及装饰性高光区。

◇ 2.2.3 半宝石手绘技法

半宝石在设计过程中通常被称为装饰性宝石,半宝石的硬度较低,因此耐磨性也较差。部分半宝石的价格相对低廉,在设计材料预算不多的情况下,半宝石是设计中的优先之选。

在半宝石的手绘练习过程中,我们会增加一些素面切割宝石的手绘技法的讲解。素面宝石没有刻面宝石那么复杂的刻面线,但对颜料的晕染技术要求更高。

红玉髓胸针

◇ 紫晶与椭圆形素面切割

紫晶(Amethyst)隶属于石英石家族,其主要成分是二氧化硅,致色元素为铁、锰等。紫晶在珠宝设计中并不多见,原因是其色彩搭配难度较大。由于紫色与黄色的互补色搭配过于激烈,因此在设计过程中,通常要避免将紫晶与18K黄金一起使用。

扫码观看视频

紫晶

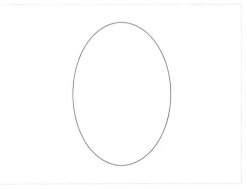

椭圆形素面切割

椭圆形素面切割的紫晶手绘流程示意图如下。

绘制椭圆形素面切割的紫晶的具体步骤如下。

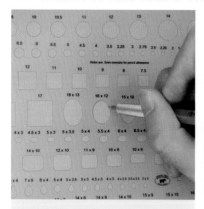

01 使用泰米尺画出椭圆线稿。

02 选用紫罗兰色作为底色进行铺色。

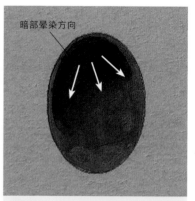

03 晕染暗部。用紫罗兰色加黑色从紫晶的左上方向中心区域晕染。

04 晕染亮部。用紫罗兰色和钛白色从紫晶的右下方向中心区域晕染，形成暗部、底色、亮部的自然过渡效果。

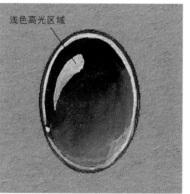

05 刻画边缘和浅色高光区域。用钛白色沿着紫晶的边缘描边，然后在紫晶的左上角画出浅色高光区域。

> **① 提示**
>
> 在用钛白色描边时要做好虚实变化的处理，该操作的目的是让宝石看起来更加逼真。
>
> 处理虚实变化的技法主要有两种：一是根据颜料中水分的比重来表现颜色的厚薄轻重变化，二是在描边时刻意形成断点。
>
>
>
> 营造虚实效果的断点

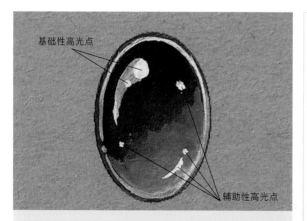

06 刻画高光。除了在紫晶的左上角添画基础性高光点外，周围还要增加一些辅助性高光点，特别是右下角的这一组高光点，更能凸显紫晶的通透。

宝格丽（BVLGARI）紫晶项链

白晶与圆形素面切割

扫码观看视频

　　白晶（Crystal）和紫晶一样隶属于石英石家族，其主要成分是二氧化硅。白晶因其内部不含其他致色金属元素，所以宝石呈无色通透状，但天然白晶的内部一般会含有气泡、包体等杂质。白晶的产地分布比较广泛，世界各地基本都有出产。除了产量很高之外，白晶原石的重量也普遍较大，这使得白晶有很强的可雕刻性，且雕刻成本较低。因此，若在设计过程中遇到特殊的创意造型需求，可以考虑使用白晶作为设计材料。

白晶

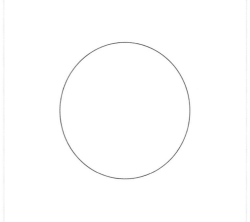

圆形素面切割

圆形素面切割的白晶的手绘流程示意图如下。

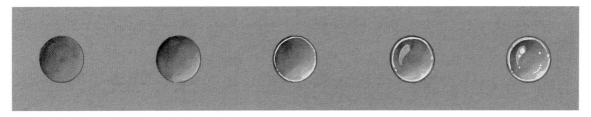

绘制圆形素面切割的白晶的具体步骤如下。

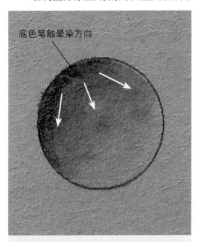

底色笔触晕染方向

01 利用泰米尺画出圆形线稿并铺填底色，底色选用稀释后的黑色，从白晶的左上方到右下方进行晕染。

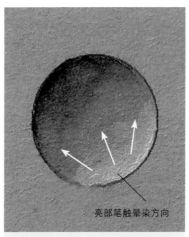

亮部笔触晕染方向

02 晕染亮部。用钛白色从白晶的右下方向中心区域晕染。

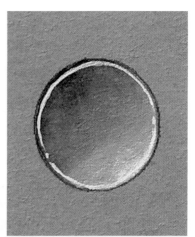

03 用钛白色沿着白晶的边缘描边。

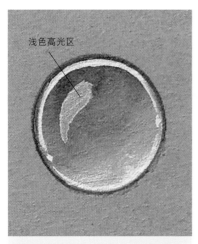

浅色高光区

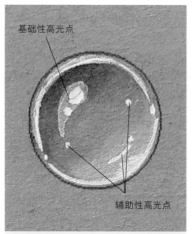

基础性高光点

辅助性高光点

04 刻画浅色高光区。在白晶的左上角画出浅色高光区。

05 刻画高光。除了在白晶的左上角添画基础性高光点外，周围还要增加一些辅助性高光点，特别是右下角的这一组高光点更能凸显白晶的通透。

宝诗龙白晶戒指

◇ 黄晶与六边形刻面切割

　　黄晶（Citrine）和紫晶、白晶一样隶属于石英石家族，其主要成分是二氧化硅，致色元素为铁等。黄晶的颜色浓度不一，有浅黄、中黄、橙黄等。产区主要分布在巴西、马达加斯加、乌拉圭等地。

　　黄晶的折光率虽然不高，但黄色系宝石种类繁多，因此可以和黄色蓝宝石、黄色钻石、金珍珠等同色系宝石进行搭配设计。

扫码观看视频

黄晶

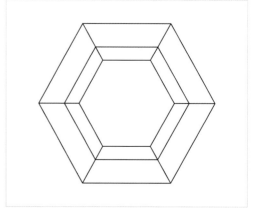

六边形刻面切割

　　六边形刻面切割的黄晶的手绘流程示意图如下。

绘制六边形刻面切割的黄晶的具体步骤如下。

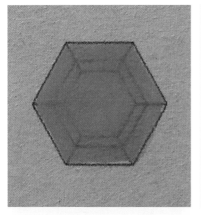
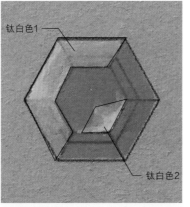

钛白色1

钛白色2

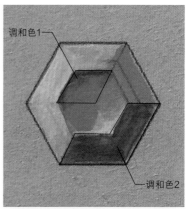

调和色1

调和色2

01 利用直尺画出六边形线稿，并用中黄色铺底色。

02 刻画亮部。用钛白色在黄晶的左上角及台面的右下角进行提亮。

03 刻画暗部。用橘红色加少量赭石色调和得到的颜色在台面的左上角和黄晶的右下角进行绘制。

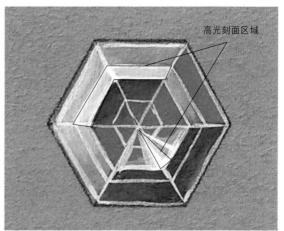

高光刻面区域

04 使用钛白色沿着刻面线勾画，直至将刻面线稿完全覆盖，然后在台面内部描绘出小六边形刻面线，以表现简单的宝石纵深透视效果。最后使用稀释后的钛白色在黄晶台面的右下角刻画出简单的基础高光。

05 刻画高光。六边形刻面切割的黄晶的高光要以面的形式表现，需要对最亮处的刻面进行整体提亮。

> **① 提示**
> 在观赏一些台面比较大的透明宝石（如黄晶、祖母绿等）时，我们会在宝石正面看到底部的刻面线，因此我们在绘制这类宝石的台面内部刻面线时，通常会稀释颜料，这样做的目的是为了让纵深刻面线的颜色更浅，并且和表面的刻面线形成虚实对比，构造空间感。

◇ 孔雀石与圆形素面切割

　　孔雀石（Malachite）因内部含有铜离子而呈现翠绿色，加之其条纹状的肌理效果和孔雀翎的颜色、样式接近，故被称为孔雀石。孔雀石的硬度为3.5~4，只有水晶的一半左右，比较容易磨损，设计之初和日常佩戴都要注意孔雀石的保养、保护。

　　我们在设计类似孔雀石的低硬度半宝石时，应尽量使用包裹式镶嵌，避免使用爪镶，这样可以对宝石边缘进行有效保护。在佩戴过程中也要注意避免碰触硬物，否则宝石表面会留下很多细小的划痕，日积月累，宝石的表面会慢慢失去原有的光泽。

扫码观看视频

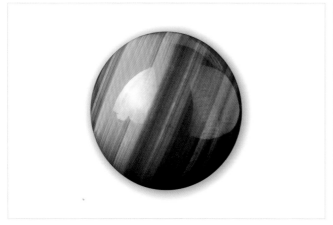

孔雀石 　　　　　　　　　　　　　　圆形素面切割

圆形素面切割的孔雀石手绘流程示意图如下。

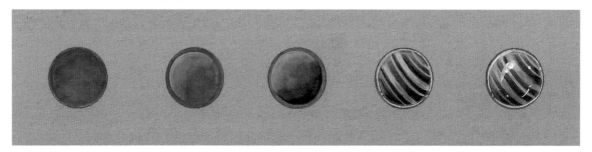

绘制圆形素面切割的孔雀石的具体步骤如下。

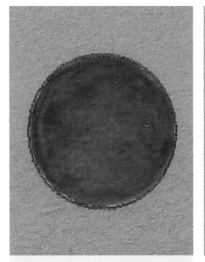

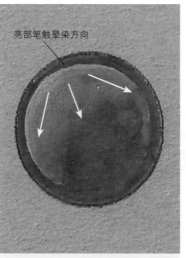

亮部笔触晕染方向

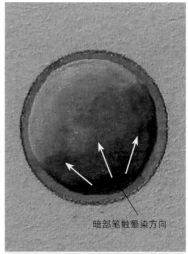

暗部笔触晕染方向

01 使用泰米尺画出圆形线稿并铺填底色，底色由深绿色和翠绿色调和而成。

02 晕染亮部。用钛白色从孔雀石的左上方向中心区域晕染。

03 晕染暗部。用黑色从孔雀石的右下方向中心区域晕染，以形成亮部、底色、暗部的自然过渡效果。

> ⓘ **提示**
>
> 　　孔雀石属于不透明宝石，和水晶类宝石的半透明属性不同，二者的亮部与暗部位置刚好是相反的。半透明宝石是左上暗、右下亮，不透明宝石则是左上亮、右下暗。

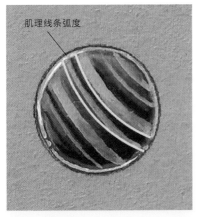

肌理线条弧度

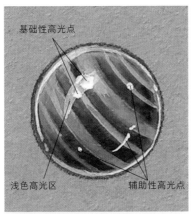

基础性高光点

浅色高光区 　　　　　　　辅助性高光点

梵克雅宝孔雀石戒指

04 刻画肌理。用墨绿色和浅绿色交叉间隔铺填，然后用钛白色沿着宝石边缘描边。

05 刻画高光。绘制浅色高光区，然后刻画孔雀石左上角的基础性高光点，周围还要增加一些辅助性高光点，以表现孔雀石暗部的光泽。

> ⚠ 提示
>
> 在刻画孔雀石肌理时，要根据其形体去绘制线条，例如直线条可以微微弯曲，以表现宝石的弧面曲线。

🔷 青金石与圆形素面切割

　　青金石（Lapis Lazuli）在中国古代有一个很好听的名字——青黛。青金石通体呈深蓝色，并伴有金色点状肌理。虽然青金石产量高、价格低廉，但高品质的青金石也可用作高级珠宝的配石，原因是其色相及色彩浓度与蓝宝石极其相似，这就使得在一些以蓝宝石为主石的高级珠宝设计中，可以用青金石做一些特殊造型设计和色彩搭配。

扫 码 观 看 视 频

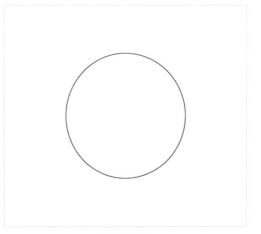

青金石 　　　　　　　　　　　　　　圆形素面切割

圆形素面切割的青金石手绘流程示意图如下。

绘制圆形素面切割的青金石的具体步骤如下。

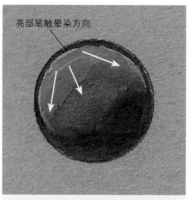

亮部笔触晕染方向

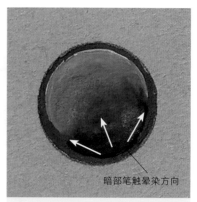

暗部笔触晕染方向

01 使用泰米尺画出圆形线稿并铺填底色，底色由群青色和钴蓝色调和而成。

02 晕染亮部。用钛白色从青金石的左上方向中心区域晕染。

03 晕染暗部。用黑色从青金石的右下方向中心区域晕染，以形成亮部、底色、暗部的自然过渡效果。

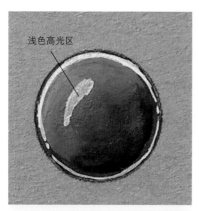

浅色高光区

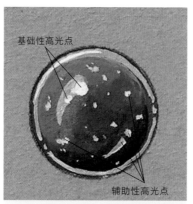

基础性高光点

辅助性高光点

宝诗龙青金石表盘腕表

04 刻画浅色高光区。用钛白色沿着青金石边缘描边，然后在青金石的左上角画出浅色高光区域。

05 刻画肌理和高光。用浅黄色点缀出金属点肌理，然后用钛白色点上高光，除了青金石左上角的基础性高光点，周围还要增加一些辅助性高光点，以表现青金石暗部的光泽。

> **❶ 提示**
>
> 　　每颗青金石的金属点肌理都不尽相同，故在绘制金属点时没有固定排序规则。若已有裸石，在手绘过程中我们可根据实际绘画对象去进行设计；若无裸石，则可模仿天空中繁星排列的状态随意点缀，做到疏密有致即可。

◇ 绿松石与椭圆形素面切割

　　绿松石（Turquoise）整体呈天青色，并含有黑褐色铁线肌理。绿松石是一种非常古老的宝石，在古埃及文明中就有大量用绿松石制作的饰物。绿松石产量高，在世界各地均有分布。

　　由于绿松石早早地就被人类用于珠宝制作中，因此其在一些历史、文化类的设计中优势很大。此外，绿松石特有的天青色也是其倍受设计师青睐的原因之一。在当今珠宝设计潮流中，绿松石与K金搭配的设计较少，其常用于手工银饰的设计中。

扫码观看视频

绿松石

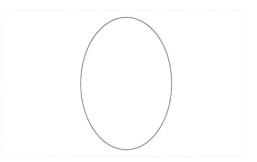

椭圆形素面切割

椭圆形素面切割的绿松石手绘流程示意图如下。

绘制椭圆形素面切割的绿松石的具体步骤如下。

01 使用泰米尺画出椭圆形线稿并铺填底色，底色由湖蓝色和淡绿色调和而成。

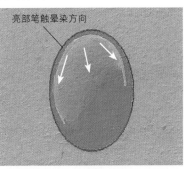

亮部笔触晕染方向

02 晕染亮部。用钛白色从绿松石的左上方向中心区域晕染。

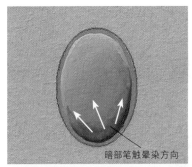

暗部笔触晕染方向

03 晕染暗部。用黑色从绿松石的右下方向中心区域晕染，以形成亮部、底色、暗部的自然过渡效果。

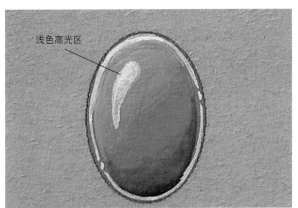

浅色高光区

04 刻画浅色高光区。用钛白色沿绿松石边缘描边，然后在绿松石的左上角画出浅色高光区。

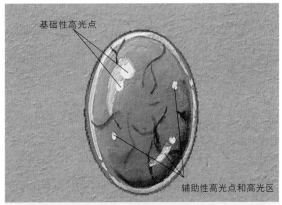

基础性高光点

辅助性高光点和高光区

05 用黑色和褐色调和得到的颜色画出树枝状铁线肌理，然后用钛白色点上高光，除了绿松石左上角的基础性高光点，周围还要增加一些辅助性高光点和高光区，以表现绿松石暗部的光泽。

◇ 白欧泊与梨形素面切割

　　白欧泊（White opal）属于蛋白石家族，欧泊的神奇之处在于其内部可以呈现五颜六色的虹彩效果，高品质的白欧泊的稀有度丝毫不逊于四大珍稀宝石，主要产区为澳大利亚。

　　白欧泊常见于创意珠宝或独立设计师品牌中，但在高级珠宝品牌中的应用并不多见。这是因为各个品牌都有自己的主色调及设计风格，要使用白欧泊，就要用多色宝石来呼应，而这样通常会丢失品牌色调的统一性。

白欧泊

梨形素面切割

　　梨形素面切割的白欧泊的手绘流程示意图如下。

　　绘制梨形素面切割的白欧泊的具体步骤如下。

暗部笔触晕染方向

01 使用泰米尺画出梨形线稿，并用钛白色铺填底色。

02 晕染暗部。用钛白色加少量黑色调出暗部颜色，然后从白欧泊的右下方向中心区域晕染。

03 点缀虹彩。用淡绿色、柠檬黄色、紫罗兰色、湖蓝色、玫瑰红色等颜色在白欧泊上面均匀地点上色斑。

❶ 提示

　　看似杂乱无章的多彩色斑在实际绘制时却要进行一定的规划，如白欧泊的左上角以绿色系色斑为主，右下角以紫色系色斑为主，中部以黄色系色斑为主。

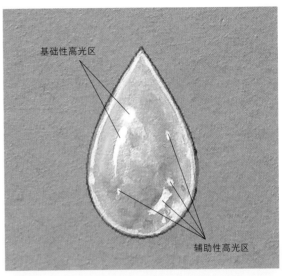

基础性高光区

辅助性高光区

04 晕染虹彩。用蘸有清水的勾线笔将色斑轻轻晕开，注意控制笔尖的水分，使其微微湿润即可，以防止将底色翻起。

05 用钛白色勾勒出白欧泊的边缘线并点上高光。高光部分要包含基础性高光区与辅助性高光区两部分，以表现白欧泊暗部的光泽。

◇ 黑欧泊与椭圆形素面切割

黑欧泊（Black opal）和白欧泊同属于蛋白石家族，其基本颜色为深蓝色并伴有多色虹彩。黑欧泊的颜色明度较低，其底色呈现蓝紫色调，强烈的对比使得欧泊中的色斑非常出彩。在设计过程中，为了维持整体的暗色调，我们可以以电镀的黑金作为金属主体材料。

扫码观看视频

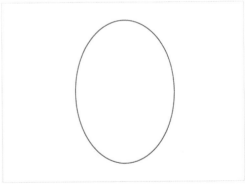

黑欧泊　　　　　　　　　　　　椭圆形素面切割

椭圆形素面切割的黑欧泊的手绘流程示意图如下。

绘制椭圆形素面切割的黑欧泊的具体步骤如下。

亮部笔触晕染方向

01 使用泰米尺画出椭圆形线稿并铺填底色，底色用深蓝色和深紫色进行晕染并让这两种颜色形成自然过渡效果。

02 晕染亮部。用钛白色从黑欧泊的左上方向中心区域晕染。

03 点缀虹彩。用淡绿色、橘色、柠檬黄色、大红色、玫瑰红色等颜色在宝石上面点上彩色斑点。

⏺ **提示**

在晕染黑欧泊的亮部时，要用笔尖蘸取颜料边点边晕，以此来刻画黑欧泊的肌理感。

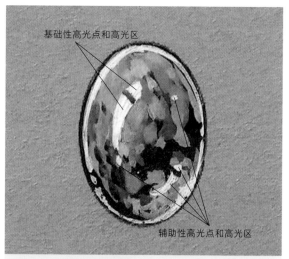

基础性高光点和高光区

辅助性高光点和高光区

04 晕染虹彩。用蘸有清水的勾线笔将色斑轻轻晕开，注意控制笔尖的水分，防止将底色翻起，晕染过程中可以在暗部补画一些浅绿色的色斑。

05 用钛白色勾勒出黑欧泊的边缘线并点上高光。高光部分要包含基础性高光（高光点和高光区）与辅助性高光（高光点和高光区）两部分，以表现宝石暗部的光泽。

💎 贝母与梨形平面切割

　　贝母（Nacre）又名珍珠质，是贝类软体动物的分泌物，附着在贝壳内壁。贝母产地较多，分布在世界沿海地区，由贝壳直接切割打磨加工而成。由于贝母含有大量的有机物成分，因此其质地较轻，容易磨损。

　　贝母的颜色主要有黑色、白色两种，比较常见的是白贝母，并伴有红色、绿色、黄色3种虹彩效果。在设计应用中，贝母往往被加工成很薄的切片作为高级腕表表盘的主要材料，也可被加工成宝石形状直接应用于珠宝设计中。

扫码观看视频

贝母

梨形平面切割

梨形平面切割的贝母的手绘流程示意图如下。

绘制梨形平面切割的贝母的具体步骤如下。

01 使用泰米尺画出梨形线稿并用钛白色铺填底色。

亮部刻画区域

02 刻画亮部。用钛白色提高贝母左上角的亮度。

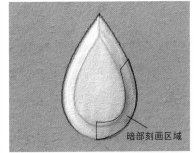

暗部刻画区域

03 刻画暗部。用浅灰色刻画贝母的右下角。

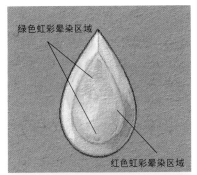

绿色虹彩晕染区域

红色虹彩晕染区域

04 晕染虹彩。贝母的虹彩效果没有欧泊那么丰富，可用淡绿色、玫瑰红色、柠檬黄色进行晕染。

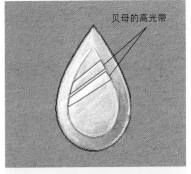

贝母的高光带

05 刻画高光。由于贝母使用的是平面切割工艺，因此可用钛白色以长直线的方式刻画贝母的高光带。

宝诗龙贝母耳饰

ⓘ 提示

贝母的虹彩是一种肌理效果，没有明显的分布规律，但在绘画中我们可以将其设定为"左绿右红"，目的是保持绘画用色的统一性。

◇ 红玛瑙与椭圆形素面切割

　　红玛瑙（Red agate）隶属于玛瑙一族，其主要成分为二氧化硅。玛瑙有很多种颜色，常见的有红色、白色、黄色等，红玛瑙只是其中一种，红玛瑙的上品通常被称为南红。红玛瑙在西方珠宝设计中通常作为一种装饰性宝石来使用，会根据设计主题不同而被雕刻成各种形状。在亚洲，红玛瑙常单独作为戒面或者手串的主材料。

扫码观看视频

红玛瑙

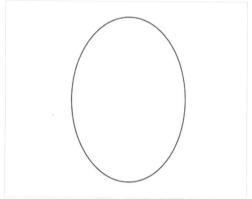

椭圆形素面切割

　　椭圆形素面切割的红玛瑙的手绘流程示意图如下。

　　绘制椭圆形素面切割的红玛瑙的具体步骤如下。

01 使用泰米尺画出椭圆形线稿并用大红色铺填底色。

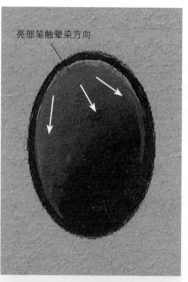

亮部笔触晕染方向

02 晕染亮部。用钛白色从红玛瑙的左上方向中心区域晕染。

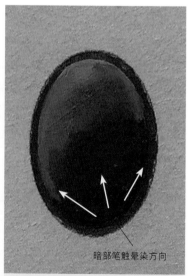

暗部笔触晕染方向

03 晕染暗部。用黑色从红玛瑙的右下方向中心区域晕染，以形成亮部、底色、暗部的自然过渡效果。

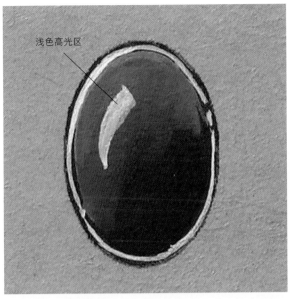

浅色高光区

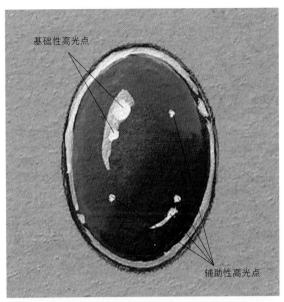

基础性高光点

辅助性高光点

04 刻画浅色高光区。用钛白色沿着红玛瑙边缘描边，然后在红玛瑙的左上角画出浅色高光区。

05 刻画高光。除了红玛瑙左上角的基础性高光点，周围还要增加一些辅助性高光点，以表现红玛瑙暗部的光泽感。

◇ 黑曜石与圆形素面切割

　　黑曜石（Obsidian）是为数不多的黑色系宝石，又被称为龙晶，其主要成分为二氧化硅，与玻璃相似。黑曜石是火山运动的产物，主要分布在多火山地区。黑曜石在珠宝设计领域主要应用于20世纪20年代的装饰艺术运动时期，黑色是当时这场艺术运动的主色调，这样的配色也给当时的西方珠宝领域带来了一些东方色彩。

扫码观看视频

黑曜石

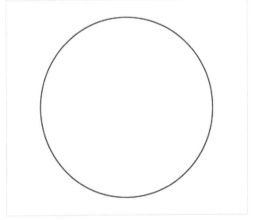

圆形素面切割

圆形素面切割的黑曜石的手绘流程示意图如下。

绘制圆形素面切割的黑曜石的具体步骤如下。

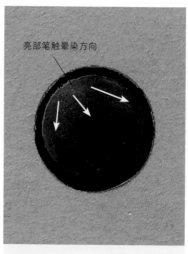

亮部笔触晕染方向

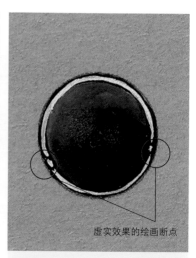

虚实效果的绘画断点

01 使用泰米尺画出圆形线稿并用黑色铺填底色。

02 晕染亮部。用钛白色从黑曜石的左上方向中心区域晕染。

03 用钛白色勾勒黑曜石的内边缘，在绘画过程中要注意画出断点。

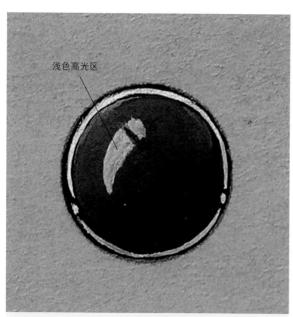

浅色高光区

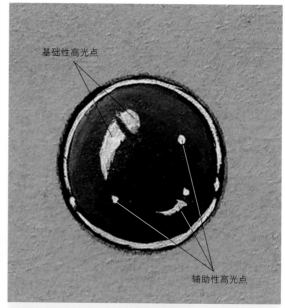

基础性高光点

辅助性高光点

04 刻画浅色高光区。用钛白色在黑曜石的左上角画出浅色高光区。

05 刻画高光。用钛白色画出黑曜石左上角的基础性高光点，然后在周围增加一些辅助性高光点，以表现黑曜石暗部的光泽感。

◇ 玉石与环形素面切割

　　玉石（Jade）种类繁多，深受亚洲人的喜爱。在中国，著名的玉石有和田玉、独山玉、岫岩玉以及蓝田玉。玉石的优势在于不需要过多的金属加工，一经雕刻便可以单独佩戴，因此除了材料自身的价值外，雕工是玉石最重要的附加价值来源。

扫码观看视频

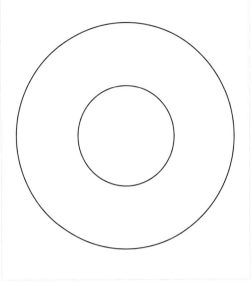

玉石

环形素面切割

环形素面切割的玉石的手绘流程示意图如下。

绘制环形素面切割的玉石的具体步骤如下。

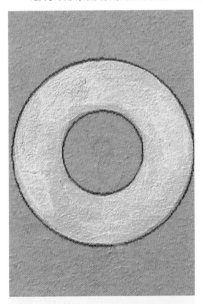

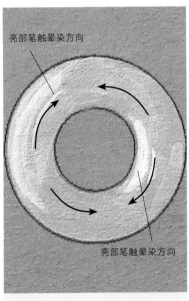

亮部笔触晕染方向

亮部笔触晕染方向

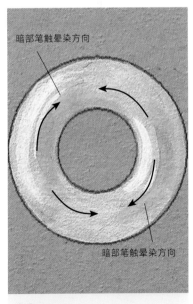

暗部笔触晕染方向

暗部笔触晕染方向

01 用青绿色作为底色进行铺色。

02 晕染亮部。用钛白色刻画玉石的亮部。

03 晕染暗部。用草绿色刻画玉石的暗部，以形成亮部、底色、暗部的自然过渡效果。

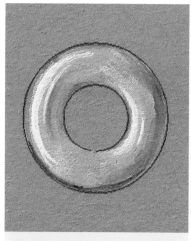

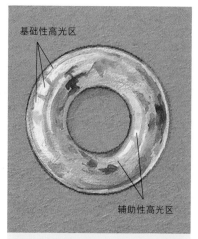

基础性高光区

辅助性高光区

04 强调明暗对比。用深绿色沿着玉石的内外边缘进行绘制，以表现玉石造型的圆润感。

05 用墨绿色绘制玉石中的云絮状纹理，然后用钛白色刻画高光。

梵克雅宝玉髓耳饰

> **提示**
>
> 在绘制玉石的云絮状纹理效果时，下笔要自然随意一些，可以尝试减轻手部握笔的力度，也可以用笔尖蘸取少许颜料以清扫纸面的方式进行绘制。纹理的大小、位置要参差错落，避免出现左右对称的布局。

2.2.4 珍珠手绘技法

珍珠（Pearl）是贝类的内分泌产物，与贝母同属有机宝石。珍珠的颜色、形状丰富，产量也较高，影响这些特质的主要因素只有一个，即贝类的生长环境。根据生长环境中水质的不同，珍珠分为淡水珍珠和海水珍珠两种。淡水珍珠主要产自内陆的江、河，其代表颜色为白色、粉色、紫色等；海水珍珠则主要产自陆地沿海及大洋海岛地区，其代表颜色有黑色和金色。

白珍珠

白珍珠（White Pearl）在淡水、海水环境均有产出，其中日本近海的Akoya白珍珠较为有名。

扫码观看视频

珍珠材质胸针

白珍珠

白珍珠的手绘流程示意图如下。

绘制白珍珠的具体步骤如下。

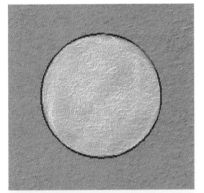

01 铺底色。用钛白色铺色，注意颜色不要铺得太厚。

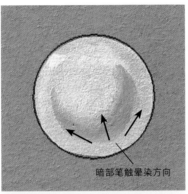

暗部笔触晕染方向

02 刻画暗部。用浅灰色在白珍珠的右下方画出月牙状暗部，然后晕染颜色，使之过渡自然。

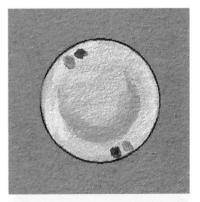

03 白珍珠有一些简单的虹彩效果，分别使用大红色和草绿色在珍珠的左上和右下两端点上色斑，以备下一步晕染。

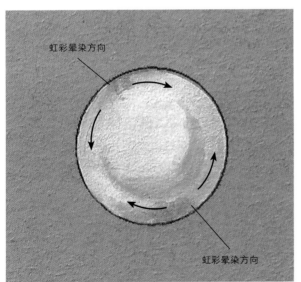

虹彩晕染方向

虹彩晕染方向

04 晕染虹彩。用勾线笔蘸取少量清水，然后顺着白珍珠边缘将红、绿色斑分别向两侧轻轻晕染。

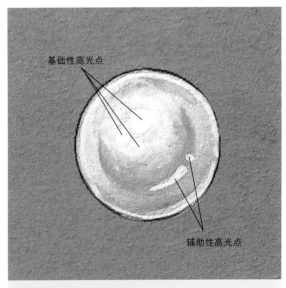

基础性高光点

辅助性高光点

05 刻画高光。用钛白色沿着白珍珠的内边缘勾线并点出高光。

ⓘ 提示

高品质的珍珠表面非常光滑，因此需要着重刻画珍珠暗部的辅助性高光点，以凸显珍珠的光泽。

◇ 黑珍珠

　　黑珍珠（Black Pearl）属于海水珍珠，其中以南太平洋的大溪地黑珍珠最为有名，其虹彩效果与白珍珠一样，以红色、绿色为主。

黑珍珠

黑珍珠的手绘流程示意图如下。

扫码观看视频

　　绘制黑珍珠的具体步骤如下。

01 用黑色加少量钛白色调出黑灰色，并铺填底色。

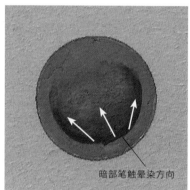

暗部笔触晕染方向

02 刻画暗部。先用黑色在黑珍珠的右下方画出月牙状暗部，然后晕染颜色，使之过渡自然。

03 用大红色和草绿色在黑珍珠的左上、右下两端点上色斑，以备下一步晕染。

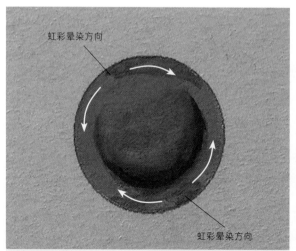

虹彩晕染方向

虹彩晕染方向

04 晕染虹彩。用勾线笔蘸取少量清水，然后顺着黑珍珠边缘将色斑分别向两侧轻轻晕染。

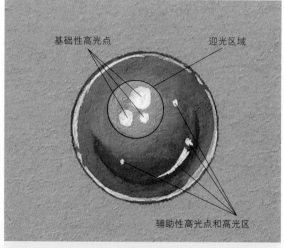

基础性高光点　　　迎光区域

辅助性高光点和高光区

05 用较浅的钛白色画出黑珍珠的迎光区域，然后用钛白色沿黑珍珠的内边缘勾线并画出高光。

金珍珠

金珍珠（Gold Pearl）为海水珍珠，其中以印度尼西亚的南洋金珠最具代表性。

扫码观看视频

金珍珠的手绘流程示意图如下。

绘制金珍珠的具体步骤如下。

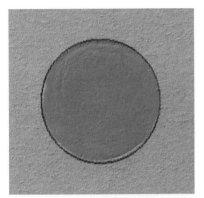

01 铺底色。选用中黄色铺色。

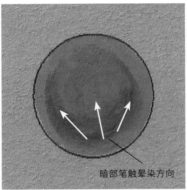

暗部笔触晕染方向

02 刻画暗部。用深黄色在金珍珠的右下方画出月牙状暗部，然后晕染颜色，使之过渡自然。

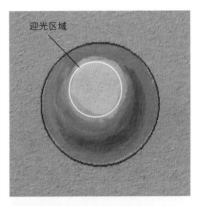

迎光区域

03 刻画亮部。金珍珠几乎没有虹彩效果，只需要用柠檬黄色加钛白色提亮左上部分的迎光区域即可。

> **提示**
> 深黄色可用土黄色、赭石色及少量红色调和而成，刻画金珍珠的暗部时应尽量避免使用黑色，否则金珍珠会显得暗淡无光。

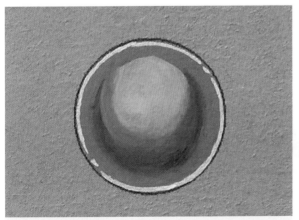

04 用钛白色沿着金珍珠的内边缘勾线。

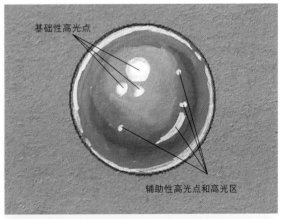

基础性高光点

辅助性高光点和高光区

05 用钛白色画出金珍珠上的高光点和高光区。

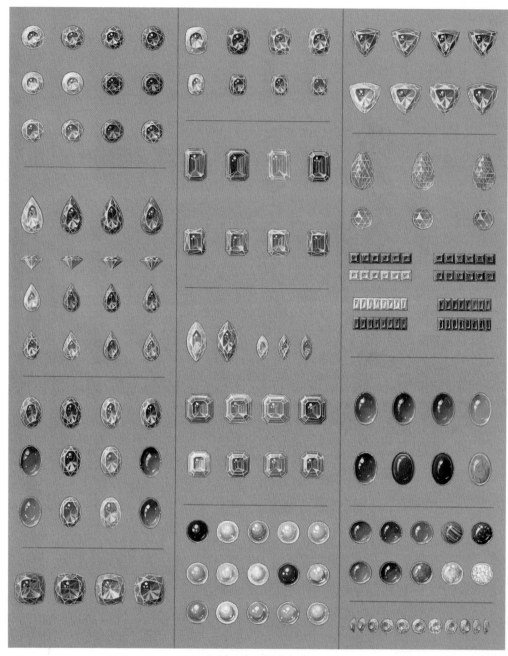

其他各色宝石绘画参考图

2.3 本章结语

　　想要熟练掌握基础的珠宝设计手绘技法，初学者需要进行长时间的繁复练习，建议以两个月作为一个学习周期。在熟练掌握各种基础金属及宝石的手绘技法之后，设计、绘制整件珠宝的过程将会非常流畅。

　　除了以上常见的珠宝设计元素以外，宝石的色彩和切割还有很多不常见的形式，因此在日常练习中可以根据实际情况自由组合宝石的色彩和切割工艺来进行练习。

第 3 章

珠宝设计手绘中级技法

珠宝设计手绘中级技法的学习以完整的珠宝设计案例为主体，一共分
为 6 个部分，每个部分的设计主题都不尽相同。本章通过讲解珠宝的
设计背景、相应的珠宝艺术史、珠宝制作工艺、设计元素、手绘工具、
手绘技法等内容，来帮助大家掌握一名珠宝设计师所需的最基本的职
业能力。

3.1 金属曲面手绘技法——《达利之眼》

在众多艺术类别中，珠宝领域的艺术创作并不算主流，但在世界艺术史中，很多知名艺术家都曾经创作过珠宝类别的作品，例如巴勃罗·毕加索（Pablo Picasso）、阿方斯·穆哈（Alphonse Mucha）等。他们设计的珠宝更多的是表现各自的艺术思维，其中最有名的是萨尔瓦多·达利（Salvador Dalí）。在初期的创作练习阶段，这类跨界珠宝设计师的作品往往能给人带来更多的设计灵感。

扫码观看视频

萨尔瓦多·达利是20世纪著名的艺术家之一，与毕加索齐名。达利1904年出生于西班牙，他在马德里的皇家艺术学院求学时便得到了西班牙艺术界的认可。1929年，达利在巴黎举办了第一次个人展。其后，他的作品逐渐形成超现实主义风格，其代表作《记忆的永恒》是一幅杰出的超现实主义作品。天马行空的想象力、光怪陆离的形象使得人们很容易记住达利与他的作品。在达利的艺术生涯里，他涉猎的艺术领域非常广泛，如绘画、摄影、装置、雕塑、珠宝设计等。

超现实主义是一种崛起于20世纪20年代的西方文艺流派，主张在艺术创作中追寻人类的潜意识心理，突破传统视觉认知，以艺术家自身具有的想象力为自然法则进行创作。这种突破现实、打破自然规律、近乎梦境的创作思维便是超现实主义的核心追求。作为一种完全开放的创作方式，超现实主义的创作理念有助于人们跳出自我阅历及认知进行无边界创作。

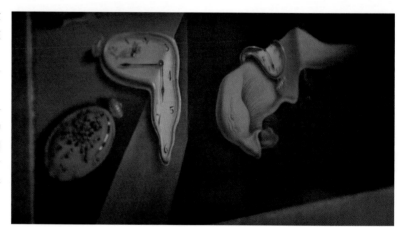

萨尔瓦多·达利 《记忆的永恒》

> **ⓘ 提示**
>
> 线稿分析是临摹前的准备工作，主要是为了提取设计元素并进行元素再应用，设计元素的数量控制在3~5种即可。在完成珠宝的线稿之后，可以直接进行上色。
>
> 以《达利之眼》为例，我们可以简单地将其提取为3个造型元素：眼眶、眼球、眼泪。在做线稿分析的时候直接将这3个部分几何化即可。
>
> 绘制初级线稿时主要以练习为目的，在临摹作品时尽量选择已经学习过的内容对珠宝进行表现。例如《达利之眼》的眼眶可以用前面学过的各色金属来表现，而眼球和眼泪则可以根据自己的喜好用各色宝石来表现。
>
> 第1步 将眼眶化为梭形，将眼球化为圆形，将眼泪化为梨形，画出草稿。
>
> 第2步 优化眼眶的梭形线条使其更加优美流畅，然后在眼球部分画出同心圆，在眼泪与眼角处增加连接环。

萨尔瓦多·达利 《时间之眼》

第1步

第2步

绘画步骤

材质设定： 18K黄金、18K白金、红宝石、黑珍珠。

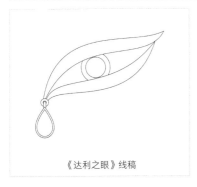

《达利之眼》线稿

01 使用大红色铺填梨形宝石的底色。

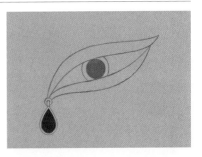

02 使用深灰色铺填黑珍珠的底色。

03 分别用中黄色（黄金色阶中的H2）、银灰色（白金色阶中的B3）铺填金属部分的底色。

04 使用钛白色绘制红宝石的亮部，即红宝石的左上方及台面的右下角，然后使用深红色绘制红宝石的暗部，即红宝石的右下方及台面的左上角。

05 使用黑色刻画黑珍珠的月牙状暗部。

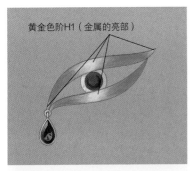

黄金色阶H1（金属的亮部）

06 根据金属色阶刻画各个金属部分的亮部。

07 使用勾线笔与钛白色画出红宝石的刻面线。

08 使用红色和绿色刻画黑珍珠的虹彩效果，并用钛白色刻画黑珍珠的亮部。

⚠ **提示**

　　黑珍珠的虹彩效果和宝石刻面线的手绘技法都是对第2章内容的重点回顾练习。绘制一件完整的珠宝要从整体出发，对各元素的绘画步骤进行协调统一，这样可以节省许多作画时间。简单来说就是要一层一层地画，而不是一个一个地画。

黑珍珠绘制过程图

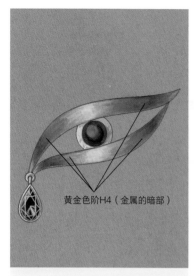

黄金色阶H4（金属的暗部）

09 依照金属色阶加深金属的暗部。

10 使用钛白色绘制红宝石的高光。

11 使用钛白色绘制黑珍珠的高光及边缘线。

12 用钛白色刻画18K白金的高光，然后用柠檬黄色加钛白色调和而成的颜色刻画18K黄金的高光。

> ⓘ 提示
>
> 　　《达利之眼》的18K黄金部分采用了磨砂效果的表达方式。磨砂效果的绘制与金属正常抛光的用色及绘画步骤基本一致，不同点在于磨砂效果中各个色阶的过渡更加柔和，没有竖纹的笔触，绘制时可以用将干笔在纸面上揉蹭的方法进行晕染。

3.2 珐琅手绘技法——新艺术运动时期的自然意境

在珠宝创作中，不同的设计风格往往要搭配一些特定的材质进行表现。除了传统意义上的各类贵金属、宝石、半宝石等，一些小众又独特的材质也常常会受到设计师的青睐，特别是，当代艺术风格的珠宝设计已经完全打破了传统珠宝设计对于设计材质的定义。

传统珠宝设计在材质应用上的创新度低于当代珠宝设计，但伴随着各种不同时期的艺术运动，珠宝领域也催生出了一些新材料和新工艺，例如新艺术运动时期流行的珐琅工艺。

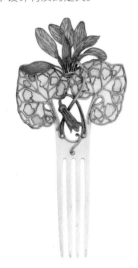

新艺术风格珐琅发簪

新艺术风格源自19世纪末20世纪初的新艺术运动（Art Nouveau）。1895年，收藏家、艺术品交易商西格弗里德·宾（Siegfried Bing）在巴黎开设了一间名为"新艺术之家"（La maison de L'art nouveau）的画廊。同年10月1日，画廊举办了一场名为"新艺术"的艺术展览，并特别邀请了巴黎当时有名的艺术家和手工艺人。从此，新艺术运动在法国拉开了序幕，其影响范围包括建筑、家具、绘画、工业、珠宝、海报及平面设计等艺术相关领域。

展览宣传海报

新艺术风格是对自然美的极致追求，其最显著的设计特点便是流畅、柔美的线条及花草纹样的应用。新艺术风格注重手工艺，崇尚自然却又不反对工业化，鼓励创作者探索新材料和新工艺以增强艺术表现力。新材料珐琅的应用与创作就是新艺术风格在珠宝领域的显著表现之一。

珐琅于13世纪由阿拉伯国家传入中国。珐琅主要作为釉料用于各种金属器物的表面，它的基本化学成分是石英、长石、硼砂和氟化物，与玻璃的基本成分相似，所以它在烧制后会呈现玻璃般的质感和光泽。

勒内·拉利克（René Lalique）《蜻蜓女人》

　　珐琅珠宝的制作过程非常复杂，首先要把各种矿物颜料研磨成细粉状，之后涂在相应的位置，最后放进恒温炉中烧制。由于不同的颜色所用的矿物质不尽相同，所以各个颜色的最佳烧制温度和时间也不同，这导致一件精致的珐琅珠宝有时需要反复烧制十几次，而且每次烧制都会有失败的风险。

　　珐琅在珠宝制作的工艺上可以简单分为空窗珐琅和封底珐琅两种。空窗珐琅能很好地表现出某些珠宝的通透与灵动，封底珐琅则厚实稳固，常见于高级腕表的设计和制作中。接下来我们要学习的是空窗珐琅珠宝的手绘技法。

空窗珐琅的填制过程

> ⓘ **提示**
>
> 　　根据制作温度的不同，还可以将珐琅分为高温珐琅与低温珐琅两种，下面介绍二者的区别。
>
> 　　高温珐琅是指经过恒温炉烧制的传统意义上的珐琅，其本质是无机物。低温珐琅实际上是一种树脂有机化合物，经过调和后黏附于珠宝之上，从严格意义上讲并不能称为珐琅。高温珐琅的硬度更高，色泽更好；低温珐琅的硬度较低，不耐磨损，光泽度也不如前者，但其工艺简单，制作成本较低。

绘画步骤

材质设定： 18K黄金、钻石、红宝石、白珍珠、珐琅。

空窗珐琅珠宝线稿

01 使用黄金色阶中的H2铺填金属的底色。

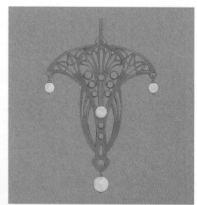

02 使用勾线笔与钛白色铺填4颗白珍珠的底色。

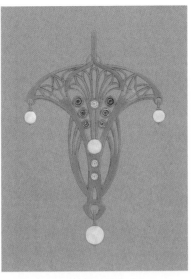

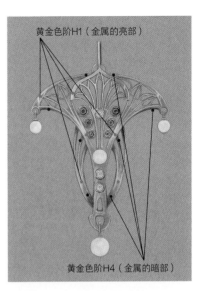

03 使用玫红色铺填红宝石的底色，然后使用勾线笔与钛白色勾勒红宝石的外边缘线及同心圆台面。

04 使用勾线笔与钛白色勾勒出3颗白色小颗粒钻石（简称小钻）的外边缘线及同心圆台面。

05 刻画金属亮部与暗部。使用的颜色分别为黄金色阶中的H1、H4，叠加3层颜色之后珠宝就有了基本的立体感。

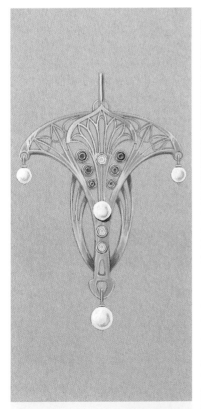

06 使用钛白色加少量黑色调出浅灰色，绘制4颗白珍珠的暗部。再用黑褐色画出中间白珍珠的投影。

> **❶ 提示**
>
> 我们可以适当对珠宝中单一元素的阴影进行刻画，例如图中的白珍珠。在刻画时可以在白珍珠的右下角加一些重色来表现白珍珠圆润的立体感。

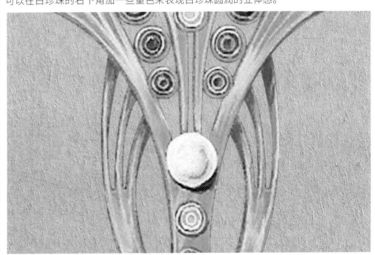

> 但是笔者并不建议在做基础练习的时候去刻画整件珠宝的阴影。过早地添加阴影虽然可以快速表现珠宝的立体感，但实际上这是一种偷懒的做法，它会影响我们对珠宝立体感的判断，从而让我们产生画面已经充分表现出立体感的错觉。只有用色阶去表现立体感，才是更好的进阶选择。

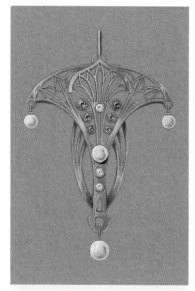
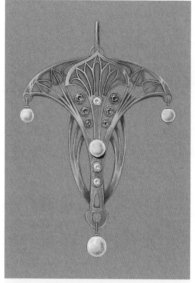
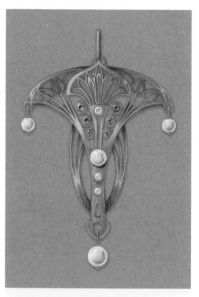

07 使用勾线笔与钛白色绘制6颗红宝石及3颗白色钻石的亮部，绘制的位置为每颗宝石的左上角及台面的右下角。

08 绘制空窗珐琅的底色。上图中使用了青色和绿色，我们在练习的时候可以根据自己的喜好进行一些简单的色彩搭配，但珐琅的颜色最好不要超过3种，否则会影响画面色调的统一性。空窗珐琅的绘制最重要的便是保持颜色的通透感，上色时可在颜料中多加水，保持颜色的通透感，颜料的厚度标准是上色完成后要微微透出纸张底色，若初次上色后颜色太薄可进行补色，但不可一次性将颜料涂的太厚。

09 刻画高光。各个元素的高光可以根据之前所学的内容进行添加，珐琅的高光则应沿着每一块的外边缘进行刻画，靠近光源的左上角可以画得宽一些，如图中上部最中间的两块青色珐琅。

⊕ **提示**

　　空窗珐琅的铺色要始终遵循一个原则，即靠近金属部分的底色更厚，珐琅中心区域的底色更薄。有了厚薄变化之后，就可以更好地表现出珐琅的真实质感。

　　这样的绘画原则实际上是和空窗珐琅的烧制工艺紧密相关的。在实际的制作过程中，空窗珐琅的釉料是沿着金属边缘一点点添加的。烧制多次后，更多的釉料会黏附于金属边框附近。若从每一款空窗珐琅的侧面看，它的平面是向中心微微凹陷的。

⊕ **提示**

　　本例中珐琅的数量很多，面积也很大。切记不可为每一块都添加高光，否则画面会失去主次关系和视觉中心。高光添加的顺序是由中间向两侧递减，靠近预设光源的左侧应比右侧更亮。

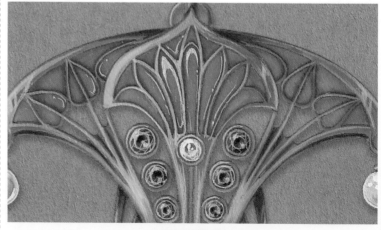

珐琅区域细节图

3.3 多宝石手绘技法——装饰艺术运动时期的风采

　　在高级珠宝设计中，我们可以看到宝石部分所占的面积要远远大于金属部分所占的面积，因此在面对成群成组的小宝石时，我们往往会不知从何画起。这种小钻群镶的工艺从20世纪20年代开始发展并逐步走向成熟，而当时正值新艺术运动向装饰艺术运动过渡的时期。

　　装饰艺术运动起源于1925年的巴黎世界博览会。随着新艺术运动落下帷幕，人们对繁复的花鸟等自然纹样产生了一定的审美倦怠，一些直线条、几何化的设计形态开始更加受人青睐。同时期工业化的发展为这类简洁风格的产品制造提供了强大的技术支持。装饰艺术风格的影响十分广泛，包括建筑、室内、家具、餐具、珠宝等众多设计领域。

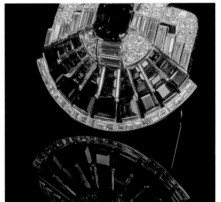

香奈儿山茶花系列群镶戒指　　　　　　1937年的卡地亚蓝宝石胸针

　　通过《达利之眼》我们可以看到，珠宝设计离不开几何元素的应用，只是因为所处时期不同，有时由繁入简，有时则由简入繁。装饰艺术运动时期的珠宝设计除了几何化的特征外，设计的对称性特点也表现得极为明显。

　　对称即物体以一条线或者一个点为中心，两边在形状、结构上基本一致。对称的物体会让人在视觉上有一种整齐、统一和庄严的感觉，这一点在建筑设计上应用得最为广泛。

　　珠宝设计中的对称更多体现的是一种精致感，有时还会通过对称中的小变化来让设计细节更加丰富多彩。大部分的商业类珠宝都是沿一条中心线左右对称的，例如常见的钻戒、吊坠等饰品。

绘画步骤

材质设定：18K白金、钻石、祖母绿、彩漆。

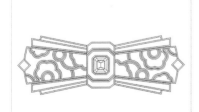

装饰艺术领结线稿

01 使用绿色和黑色铺填彩漆底色，并根据白金色阶刻画金属白框。实际练习时可根据个人喜好选择不同的颜色。

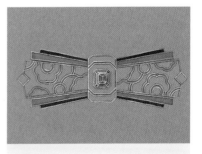

02 使用祖母绿色铺填中间的主石祖母绿的底色，并用勾线笔和钛白色勾勒祖母绿的刻面线。

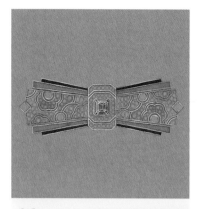

03 使用铅笔画出小钻部分的大致轮廓。

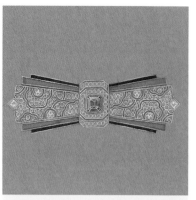

04 使用白色针管笔沿着小钻线稿勾画，直至将铅笔线稿完全覆盖。

！ 提示

若铅笔线稿颜色过深，可以用橡皮泥轻轻沾去部分铅粉，只要线稿清晰可见即可，以避免在填色的时候，铅笔留下的铅粉堵塞针管笔笔尖。

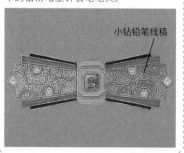

小钻铅笔线稿

05 刻画小钻细节。用针管笔在每个小圆里画出更小的同心圆，然后在小钻之间点上小白点，用以表现金属的镶嵌效果，最后在小钻的左上角和台面的右下角进行提亮。这是绘制所有同类型小钻的基本步骤，需要多加练习。下笔时，手部要用力握紧针管笔，腕部放松，尽量将每个同心圆画正。

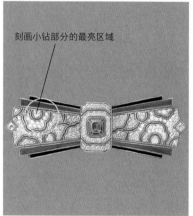

刻画小钻部分的最亮区域

06 提亮小钻。使用勾线笔蘸取稀释后的钛白色轻轻扫过小钻表面，为了突出光影效果，可对珠宝两端进行重点提亮，这里将最亮区域的几颗小钻完全涂白。提亮所需的钛白色颜料因为水分较多，很容易使之前绘制的颜料翻起，故在提亮前要等纸张完全干透。

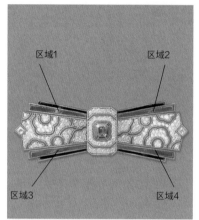

区域1　　　　区域2

区域3　　　　区域4

07 刻画高光。用钛白色画出彩漆部分的高光及主石祖母绿的高光。彩漆可以简单分为4个区域，每个区域的高光亮度要有所区分，高光的明暗主次顺序依次为左上、左下、右上、右下。彩漆部分的高光所用的钛白色要稍加稀释，避免其亮度超过宝石高光。

！ 提示

铲边镶是一种常见的珠宝镶嵌工艺，主要用于小颗粒宝石的镶嵌。其特征就是在小钻镶嵌区域留下一条细细的金属边框，如右图所示。由于镶嵌的宝石很小、数量也较多，因此此项工艺比较耗时耗力。在实际操作中，金匠需要用刻刀扎进金属并翘起一个个金属钉，使之覆盖在宝石边缘处，然后用2~4颗金属钉将宝石卡在镶嵌孔内。宝石固定环节完成后，金匠同样需要用刻刀对金属边框进行修缮处理，让其线条更加流畅。

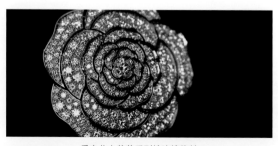

香奈儿山茶花系列铲边镶胸针

正是由于金属边框的存在，这些小钻才能排列得非常规整，以至于可以清晰地表现出每一个花瓣的形态，否则众多小钻挤在一起会显得杂乱无章。因此在设计一些造型感强烈的珠宝时，带有金属边框的铲边镶就是首选工艺。

以下是铲边镶工艺的3个步骤。

第1步：铲边。使用刻刀沿着珠宝边缘线进行推刻，铲边所留的边缘线宽度根据材质不同略有区别，银质的珠宝边缘线宽度一般为0.8mm，K金及铂金的边缘线宽度为0.3~0.5mm。

第2步：嵌石。将宝石置入镶嵌孔之中并轻轻按压，之后用力将刻刀刀尖扎进宝石边缘的金属中，并将铲起的金属点缓缓上撬，让金属点覆盖于宝石之上。根据宝石的大小不同，金属点所覆盖的位置也不尽相同。若所需镶的宝石直径在2.1mm以上，所撬起来的金属点仅仅覆盖于宝石的台面与宝石边缘线之间；若宝石直径在2.1mm以下，金属点需覆盖至宝石的台面之上。

第3步：金属钉修复。使用内凹的碗状金属吸针用力挤压每一颗镶嵌金属钉，使其变得圆润有光泽。在按压过程中可以轻轻晃动金属吸针，以消除金属钉原有的棱角。

第1步　　　　　第2步　　　　　第3步

3.4 多材质结合手绘技法——《莫奈花园》

在珠宝设计之初，材质的选择是设计师需要考虑的首要问题之一。在绘制应用了多种材质的珠宝时，除了沿用每种材质的基本手绘技法外，还要根据珠宝整体的主次关系，在各个绘画步骤中进行一定的变化，或简化、或着重刻画。

多材质的结合使用可以使设计本身更具特色，一些珠宝品牌或者珠宝设计师都有自己专属的常用材质，例如卡地亚钟爱将红宝石和蓝宝石相结合，及其特有的浮雕类宝石，它们可以很好地表现花草类的设计主题。再如宝诗龙常用的水晶与钻石的搭配组合，很好地展现了其品牌洁净、高雅的设计风格。

香奈儿山茶花系列

本节将通过案例《莫奈花园》对珠宝设计的创意采集、材质应用以及最终的手绘技法等进行讲解。

莫奈花园是印象派大师克劳德·莫奈（Claude Monet）的居所，也正是在这里的后花园，莫奈创作出了著名的《睡莲》系列。

印象派（Impressionism）是世界绘画史的重要流派之一。其鼎盛时期在19世纪末20世纪初。印象派的主要绘画特点是抓取自然意境，在自然场景中表现光影与色彩，这与传统绘画大相径庭。之前，大部分绘画作品以人物、史诗、宗教为主，这种刻意的"摆拍"效果是当时学院派画家所主导的艺术流派。而印象派画家则来自各个行业与阶层，并以年轻画家为主。例如后印象派大师文森特·凡高（Vicent van Gogh）出生于一个牧师家庭，其早期的职业是普通职员与商行经纪人。

印象派虽起源于西方，但其画作一直深受亚洲人喜爱，原因在于印象派在创作阶段吸收了大量的东方手绘技法，其中日本浮世绘对印象派的深远影响一直持续到后印象派时期。因此，印象主义可以看作东方与西方艺术文化的完美结合。

克劳德·莫奈 《睡莲》

如何找寻珠宝创意灵感是每一位珠宝设计师都会面临的问题。设计作为一种主观思维活动，没有一个统一的设计程式，反而整个创作都是基于每个人的独立认知去进行的。我们可以把每位设计师的创意源泉比作一个独立的小池塘，再将一个个小灵感比作池塘里的小鱼，在需要时，我们要从自己的池塘里将这些"小鱼"钓出。养育这些"小鱼"的是每个人自身的经历与经验，我们需要在生活中不停地积累，以扩大自己的池塘、增加小鱼的数量。找寻、积累灵感的方法主要有3种。

首先是旅行。想要扩大自己的认知范围就要先扩大自己的行动范围，在旅行中，你可以亲身感受不同的文化历史和人文环境。这些新鲜事物所带来的直观的感悟是最好的灵感来源之一。

然后是看展。在时间不充裕的情况下，各类艺术展览也是开阔思维的芳草地。每一场优秀的展览都是数十人、数百人努力的结果，其内容甚至是艺术家们一生的创作感悟。

最后是留意生活中的美。清晨路过的一棵树、看见的一片落叶，午后头顶飘过的一朵云，傍晚天空中飞过的群燕，这些都是再日常不过的景色，但通过锻炼自己对美的感知力，你可以留意到平常忽视的美。同时在面对自己熟悉的环境时，你可以在设计中揉进一些自我情感与故事，而有情感和故事的创意往往更加容易打动他人。

宝诗龙花瓣戒指

本节案例名为《莫奈花园》，其灵感来源于笔者在莫奈居所游玩时的一段经历。莫奈的居所不大，只有两层小楼，内部装饰很温馨，墙上挂满了他所收藏的浮世绘作品。后花园是莫奈倾注最多心血的地方，他甚至自己建造了一个人工池塘，院落里有整齐的花田，也有随意生长的花草。

花草类的延伸设计十分适合做设计练习，其轮廓图案可以直接加以应用。笔者选取的图案就来源于池塘边一朵普通的绣球花。

莫奈花园实景　摄于2019年6月

绘画步骤

材质设定： 18K白金、钻石、青金石。

《莫奈花园》线稿

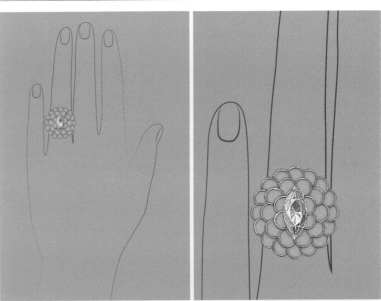

01 使用白金色阶中的B2、B3、B4刻画白金边框，再使用钻石手绘技法刻画主石。

● 提示

　　与之前的绘画方式不同，这次加入了手部线稿作为绘制底版，这样做的优势在于可以及时观察珠宝佩戴的效果与比例关系。钻石绘制的色彩细节可参考第2章中钻石的绘制内容，梭形刻面的绘制步骤则可参考橄榄石的绘制过程。

钻石色彩绘制细节

梭形刻面切割的橄榄石的绘制过程

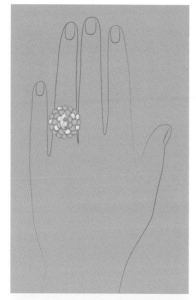

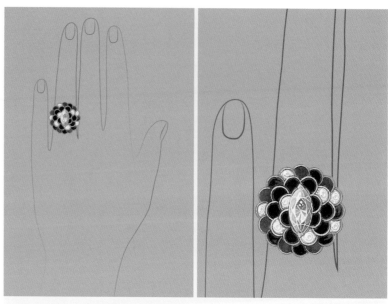

02 刻画小钻细节。选取几枚花瓣做镶钻效果处理，可以选用针管笔作为刻画工具进行练习。小钻应以非对称的形式平衡分布，目的是在以对称轮廓为框架的花朵造型中增添不对称元素，使花瓣的色彩搭配更显灵活生动。

03 刻画花瓣。颜色可自主选择，建议以蓝色调和紫色调为主。在填色过程中，第1层花瓣的颜色纯度要略高于第2层花瓣，目的是营造主次关系。

> ⓘ **提示**
>
> 在自行练习时，花瓣材质的选择很多，青金石、黑曜石、紫晶等硬度较低的半宝石都可以拿来练习，还可以进行多材质的搭配组合。

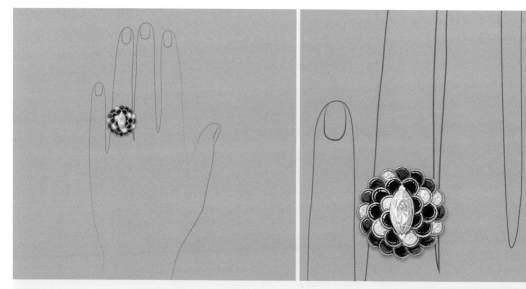

04 使用钛白色刻画各部位的高光。

> ⓘ **提示**
>
> 蓝色花瓣处的高光要注意体现明度对比，靠近光源的左侧花瓣的高光要亮于右侧。同时可在梭形宝石右侧的花瓣上添加一些深色阴影，以增强画面的立体感，绘制阴影所需的颜色为深蓝色。

3.5 金属链条手绘技法——复古元素

　　在面对一些耳饰、项链类的设计时，我们常常会遇到链条这一结构形式。链条的应用在珠宝艺术史上也很常见，甚至在19世纪的法国、瑞士、意大利等地还出现了职业化的珠宝链条匠人，以满足珠宝制造市场对金属链条的需求，后来随着工业化的发展，这一职位慢慢被机器所取代。

　　复古风在时尚界日渐兴起，引发了各个设计领域的复古设计潮流。复古元素主要源自20世纪20年代至80年代的一届经典潮流设计。

　　对复古元素的再设计可以博取特定人群的青睐，例如经历过那个时期的人们和钟爱某个年代的风格的客户群体。在抓取某个特定元素后不能一味地照搬，我们需要在造型及颜色等方面做出修改及更新，以适应当下的大众审美。

项链中的金属链条

2019年的宝诗龙装饰艺术风格耳饰

2019年的宝诗龙装饰艺术风格戒指

> ❶ **提示**
>
> 　　复古设计元素推荐：巴洛克珍珠、不规则金属链条、珐琅。
>
> 　　复古设计色彩推荐：黑色、深红色、金色、深绿色。

　　人体工程学指的是设计师在产品设计阶段对产品使用者或佩戴者的生理、心理的考量及研究。例如汽车座椅的安全性、沙发的设计高度、楼梯台阶的宽度等都属于人体工程学的范畴。而决定这些设计因素的便是不同人群的高度、重量等生理构造，甚至是大众日常使用习惯上的差别。

　　珠宝作为一种日常佩戴物，也需要考虑佩戴者方方面面的使用感受。除了基本的装饰性珠宝外，还会出现一些功能性珠宝，例如香薰胸针、高级腕表、头饰等。但就佩戴物的本质属性来看，其舒适性是珠宝设计师需要重点考虑的因素，尤其是对珠宝的尺寸、重量、材质、触感等因素的考量。

　　尺寸的大小是影响佩戴舒适性的首要因素，特别是戒指、手镯类的设计，而不同尺寸的戒指或手镯在一定程度上也会影响其本身的粗细。

有的珠宝因为材质特殊，重量较大反而更受欢迎。但有的珠宝如果重量过大，则会给佩戴者带来一定的不适感，例如耳环、项链等类别的珠宝。

由于每个人体质的不同，部分人群会对一些特定金属产生过敏反应，因此在设计合金类珠宝时，设计师要尽量在此类珠宝外电镀一层防过敏金属，例如金、银、铑等。

珠宝领域所涉及的基础材料有很多是硬质金属，因此要避免出现尖锐的棱角设计，以避免珠宝和皮肤接触时造成划伤、扎伤等不良后果。

绘画步骤

材质设定： 18K白金、钻石、祖母绿、黑珐琅。

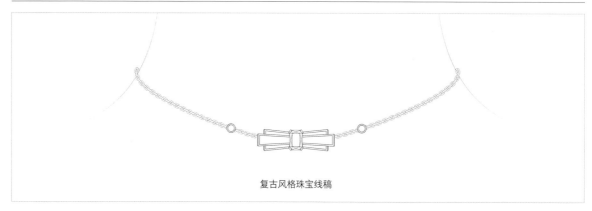

复古风格珠宝线稿

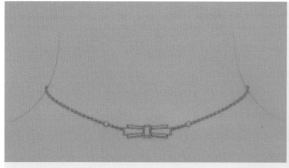

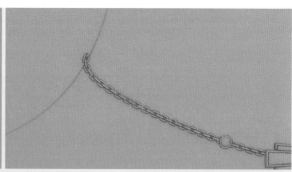

01 使用白金色阶中的B3铺填金属链条以及其他金属部分的底色。

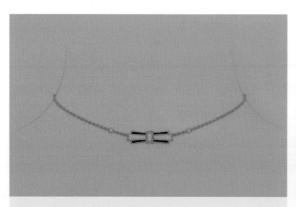

02 使用黑色铺填4块珐琅的底色。

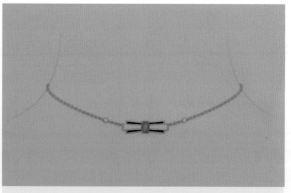

03 使用祖母绿色铺填中间的主石祖母绿的底色。

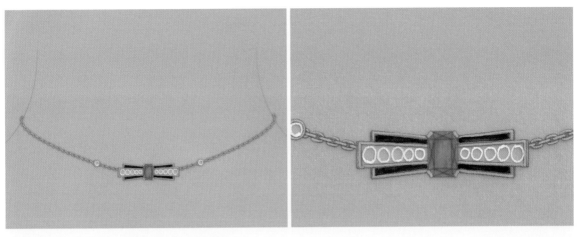

04 使用针管笔画出每颗白色小钻的外轮廓。

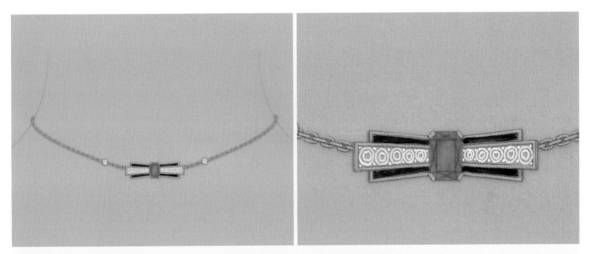

05 使用针管笔或者勾线笔与钛白色画出小钻的台面以及小钻之间的镶嵌金属点。

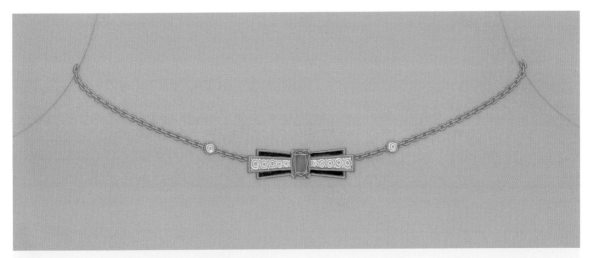

06 使用勾线笔与钛白色刻画主石祖母绿的刻面线。

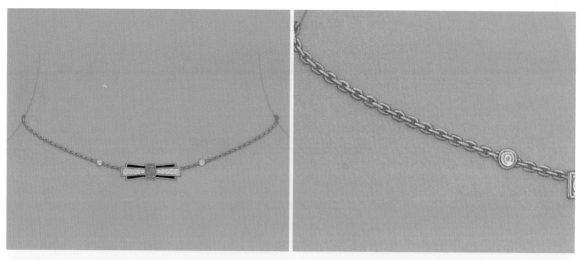

07 用钛白色画出金属链条的亮部，即每颗链环的上半部分，同时提亮珐琅的边框和祖母绿的四角包边。

> **提示**
>
> 金属链条的绘制步骤并不多，难点在于需要刻画的细节较多，因此我们需要按部就班地耐心完成。

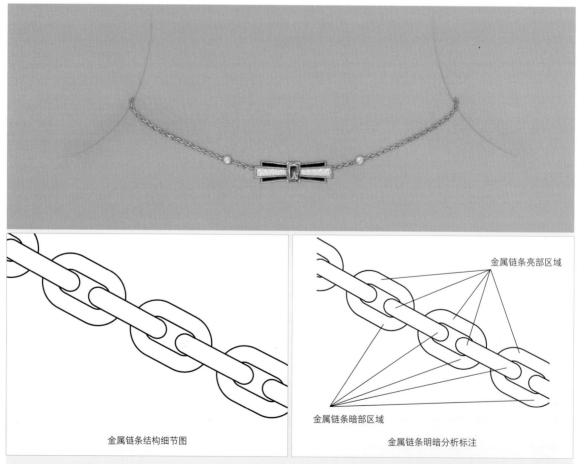

金属链条结构细节图

金属链条明暗分析标注

08 刻画主石祖母绿和小钻的亮部，并刻画金属链条的暗部，金属链条的暗部可用白金部分的暗部颜色（B4）进行绘制。

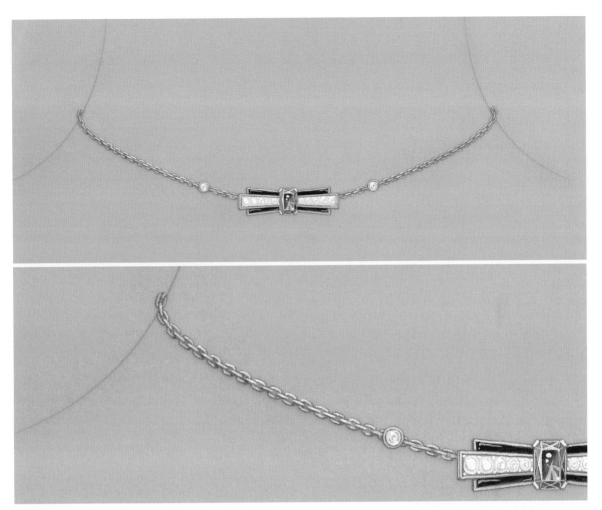

09 刻画各元素的高光并用钛白色提亮小钻和金属链条，注意调整左右两侧链条的明暗对比关系，着重提亮靠近光源的左侧链条。

💡 **提示**

案例中的主石祖母绿采用了爪镶工艺。爪镶工艺是珠宝加工过程中常见的镶嵌方式之一，多用于大克拉宝石的镶嵌工作。其原理是通过垂直的金属线将宝石卡在镶嵌底座之上，底座就如同小爪子一般将宝石牢牢抓住，故被称为爪镶。

爪镶中"爪"的数量并不固定，但以四爪镶嵌和六爪镶嵌为主。在高级珠宝设计中，"爪"的具体数量要根据宝石的大小来决定。

梵克雅宝四爪镶嵌戒指

蒂芙尼（Tiffany & Co.）六爪镶嵌戒指

3.6 空间层次感手绘技法——百年穆哈

画面中空间层次感的营造是为了强化画面的明暗、主次关系并提高其合理性。为了实现这种空间层次感，我们需要用画笔在二维平面纸张上绘制出三维的空间效果。

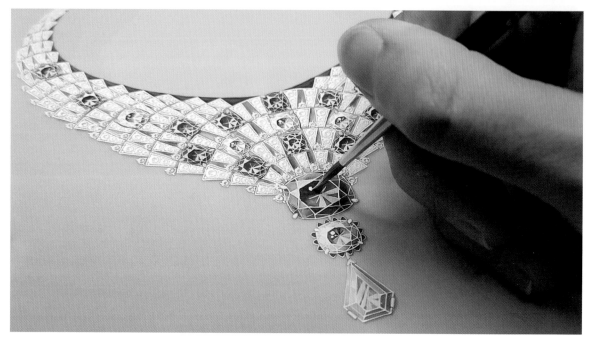

卡地亚多层次珠宝设计手绘过程

阿方斯·穆哈是艺术史中最为著名的平面插画师之一。穆哈出生于1860年，曾先后在慕尼黑造型艺术学院、巴黎朱利安学院学习。穆哈开始职业生涯的时候已年近30岁，初期为了生存承接了大量的书籍插图工作，虽然收入微薄，但5年的日积月累让他的画工日益精进，画风也慢慢形成。

阿方斯·穆哈 新艺术风格插画《春》局部

　　1894年，当时巴黎著名的女演员萨拉·贝纳尔（Sarah Bernhardt）邀请穆哈为自己的新戏绘制招贴画，后来他更是成了萨拉的御用插画师，并且被世人所知。

　　穆哈的插画以女性、自然、服饰为主要元素，并且大量借鉴了日本线描技法及拜占庭艺术风格。因此他的插画作品不仅线条优美流畅、颜色明亮欢快，细节也丰富多彩。这样的画作完全符合当时大众的审美标准，穆哈一度成为新艺术运动的领军人物。

阿方斯·穆哈 巴黎香槟广告招贴画

从新艺术运动时期的自然意境到《莫奈花园》的创作练习，我们可以看出自然元素一直是珠宝设计领域一个非常热门的选题方向，但如何将这一选题完美地表现出来呢？那就需要我们从线稿框架开始练习。

在使用自然元素的设计中，我们要用柔美的笔触表现主题，避免使用直线与有棱角的几何图形。同时以穆哈为范本，我们可以通过线条的长短、粗细的变化在线稿阶段确定并表现空间关系和虚实关系。

如右图所示，近处的花朵与人物的线条相对较粗，花瓣细节分明；远处的花丛线条则较为纤细，整体也较为模糊。在珠宝绘画中也是如此，加上填色后形成的明暗对比，这种方法可以很容易地展现画面中各个物体间的空间关系。

阿方斯·穆哈 新艺术风格插画线稿

绘画步骤

材质设定： 18K白金、钻石、贝母。

《百年穆哈》线稿

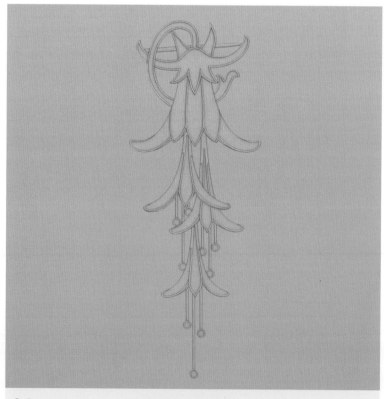

01 使用白金色阶中的B3铺填白金框架的底色。

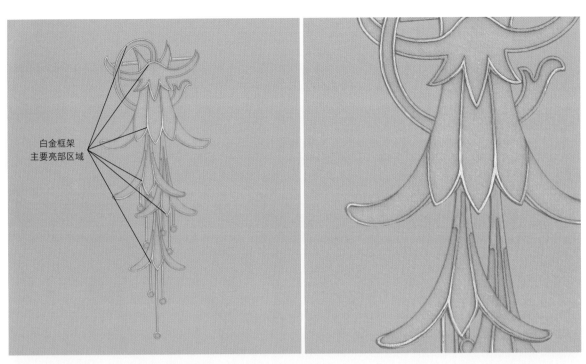

白金框架
主要亮部区域

02 使用勾线笔与钛白色提亮白金框架。

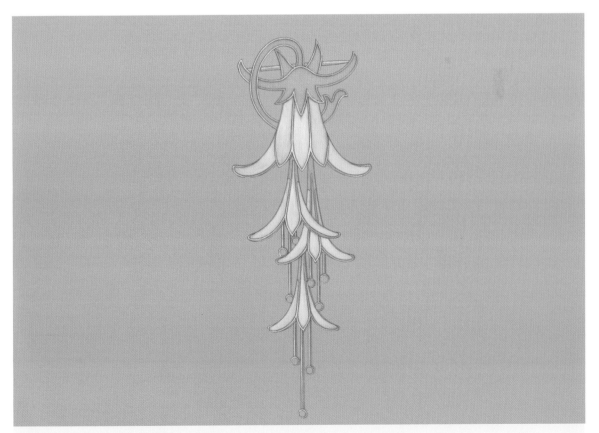

03 使用钛白色轻涂花瓣（贝母材质）部分。

04 使用勾线笔或针管笔与钛白色画出白色小钻的圆形外轮廓。

> ⚠ **提示**
>
> 　　在绘制白色小钻的轮廓时，白色小钻的排列要尽可能地贴紧白金边框，但不能将其覆盖，若不小心画出边框，可使用美工刀将画出界的颜料轻轻刮去。

05 在每颗白色小钻的圆形外轮廓内画出同心圆以确定台面位置，然后在白色小钻之间点上小白点来表现群镶工艺中的金属钉。

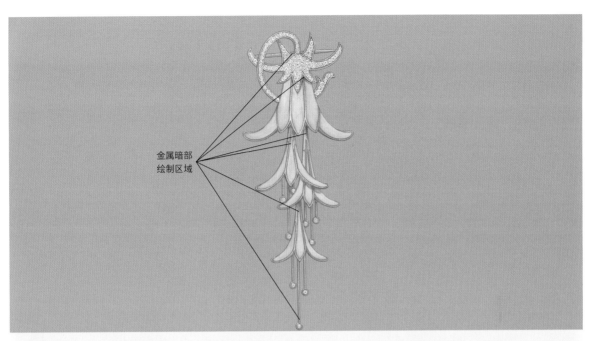

金属暗部
绘制区域

06 用深灰色（白金色阶中的B4）画出白金的暗部颜色，然后用翠绿色和玫瑰红色晕染花瓣部分，以表现贝母的虹彩效果。

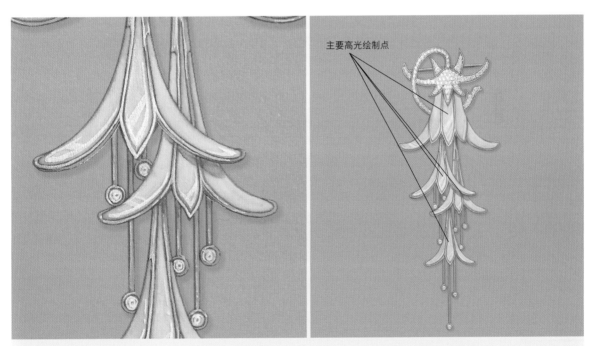

主要高光绘制点

07 刻画高光和投影细节。由于花瓣与花瓣之间存在前后关系，并有一定的遮挡，因此刻画时要注意表现被遮挡的珠宝内部的阴影。注意区分每片花瓣的高光亮度和面积，靠前的花瓣高光更亮，靠后的花瓣高光更暗，并且靠前花瓣的高光刻画面积要大于靠后花瓣的高光刻画面积。

> **ⓘ 提示**
>
> 群镶工艺是指由多颗、多列宝石共同镶嵌而成的珠宝工艺。群镶工艺常常和铲边镶工艺结合使用，以表现珠宝设计中"面"的元素，只有将点、线、面结合的设计才能使珠宝更加有层次感和立体感；反之，缺少"面"的珠宝会显得较为"单薄"。

如下图所示,群镶工艺也要利用刻刀铲起一个个金属钉对宝石进行固定。宝石之间的金属钉数量为3~5个。但在绘制时由于绘画空间有限,通常只用勾线笔的笔尖点出1个金属钉。

梵克雅宝群镶工艺细节

使用群镶工艺的宝石直径建议控制为1.2mm~2.5mm。因为直径太小会增大镶嵌难度,影响镶嵌效果;直径太大则要面对宝石单价过高、难以控制制作预算的问题

3.7 本章结语

珠宝设计手绘中级技法的学习,主要是对整件珠宝的绘制练习。以上6个主题的设计案例,除了手绘技法之外,对珠宝艺术史及珠宝制作工艺也进行了适当的讲解。在后期的学习过程中,特别是在设计思维的养成过程中,大家可以根据本章的案例或者选择自己喜欢的设计风格进行延伸性学习。

第 4 章

珠宝设计手绘高级技法

设计线稿的学习与绘制是整个珠宝设计手绘学习中的难点。特别是对于初学者来说，如若没有一定的绘画基础，其很难真正理解透视和三视图等手绘知识点。因此，我们将设计线稿的学习划到后期的高级技法中，以对其进行有针对性的学习和练习。施工图主要服务于设计完成后的施工阶段，施工图与设计线稿有着紧密的联系，将两者结合起来学习可以很快提升与工厂进行施工对接的职业能力。

4.1 线稿的绘制

线稿需要精准地表达出所绘珠宝的造型轮廓、元素结构、选材比例等设计过程中所面临的各类问题。在绘制过程中除了要用到铅笔、橡皮、尺子等基本绘画工具外，我们还需要借用其他一些专业工具来使珠宝线稿的表现更加精准，例如之前提及的泰米尺及后文要讲的制图软件等。

扫码观看视频

◇ 4.1.1 线稿类型

根据绘制工具的不同，珠宝线稿可以分为两类，一是铅笔线稿，二是电子线稿。设计师可以根据自己的喜好选择一种类型进行练习。两种线稿可以单独使用，也可以结合使用，相辅相成。

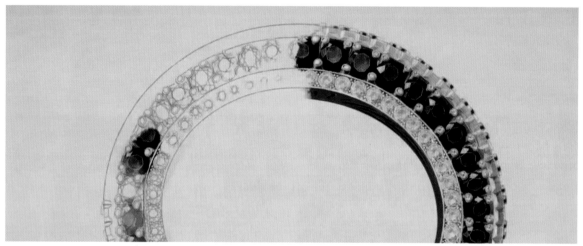

梵克雅宝珠宝手绘线稿

铅笔线稿的绘制

铅笔线稿是用0.3mm或0.5mm的自动铅笔绘制的设计底稿，可以用于设计的草图阶段，也可以作为手绘效果图的底稿直接上色。

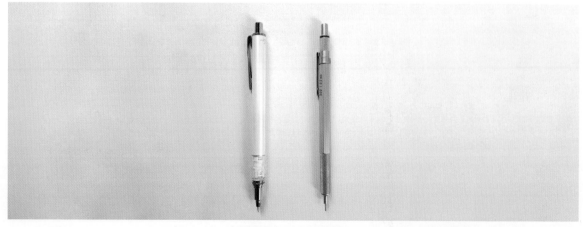

0.3mm和0.5mm自动铅笔

使用铅笔绘画时，握笔姿势与写字一样，但手部肌肉要放松一些，这样画出的线条才会更加流畅。对绘画基础较为薄弱的初学者来说，其在绘制之前可以在空白纸张上随意地画一些曲线或直线，以找到手感、增强自信心。

画草图阶段的铅笔线稿时，不要使用尺子、橡皮等辅助或修改工具，不自然的手绘线条会阻碍设计灵感的发挥。为了兼顾造型需求，我们可以在每次下笔的时候画得轻一点，可多次重叠绘画，直到画出自己满意的线条。

而在画效果图阶段的铅笔线稿时，我们需要借助专用的尺子、圆规、橡皮等手绘工具。圆规及尺类工具主要用于绘制几何造型，如戒指三视图、宝石外形等。橡皮的使用则比较灵活，常用的有蜻蜓橡皮笔与辉柏嘉橡皮泥。

蜻蜓橡皮笔与辉柏嘉橡皮泥

> **⚠ 提示**
>
> 与传统橡皮相比，橡皮笔的优点在于使用时笔尖和纸张的接触面积很小，可以避免误擦有用的线条，非常适合用于绘制线条精细度高的线稿。
>
> 而橡皮泥的作用在于淡化线稿，避免后期上色时线稿颜色过深，影响画面的整洁度。其用法也很简单，从盒中取出橡皮泥后用手指捏住，将其轻轻在铅笔线稿上拍打即可。

电子线稿的绘制

电子线稿是指用Illustrator或者CorelDRAW等矢量绘图软件绘制的设计底稿，这类线稿在计算机上绘制完成之后，设计师需要用打印设备将其打印在灰卡纸上。与铅笔线稿相比，电子线稿的绘制过程会繁复一些，但其精细度高于铅笔线稿。

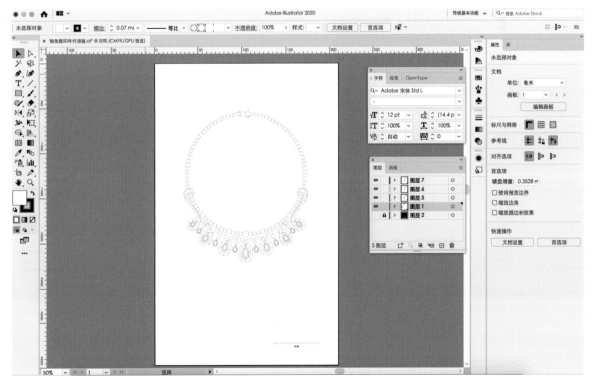

Illustrator线稿绘制界面

电子线稿的绘制对使用计算机制图的能力要求比较高，初学者需要反复练习，熟悉并掌握软件操作界面中的各项功能。由于这类线稿可以储存为电子文件，所以设计师可以反复打印、反复练习，从而节省大量练习线稿的绘制时间。在实际设计阶段，电子线稿可以快速地进行比例调整，用于各个设计版本的对比工作。

电子线稿最大的优势在于其精准度高，因为有各种辅助线，电子线稿对后期珠宝的制作与施工的帮助很大。

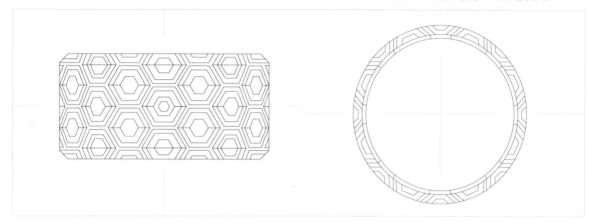

卡地亚手镯电子线稿

💎 4.1.2 三视图

三视图是用来表达珠宝在不同角度下的形态和细节的产品结构图。设计师除了可以根据三视图直接绘制珠宝效果图外，还可以将它用于后期施工图的绘制及3D建模参考。

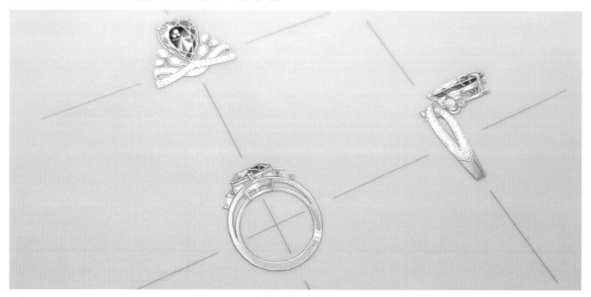

尚美巴黎戒指三视图

对三视图进行解析有利于我们快速理解设计对象在各个角度下的视觉空间关系。珠宝设计中的三视图是工业设计中五视图的部分，是以不同的视角绘制的产品结构图。

通常情况下，我们会选取物品的其中一个角度作为正面去做视图解析，下面以金字塔形为例进行讲解。

从箭头指示的方向来看，我们首先观察到的是A面及F面，故金字塔的这一面即为正视面，而这一面的结构图即为正视图。同理，我们可以找出金字塔的顶视图、左视图、右视图、底视图，加上正视图，即五视图。

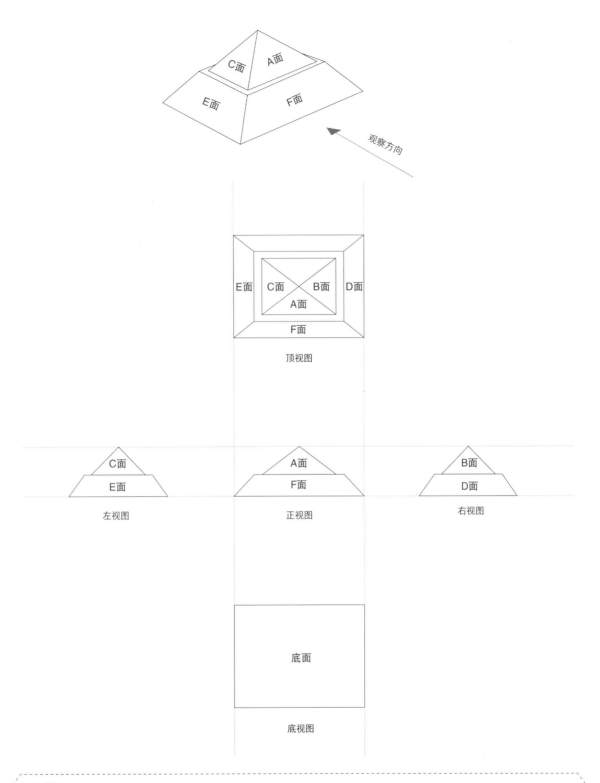

在珠宝设计中，由于左视图与右视图常常出现造型重复的情况，因此在绘制时往往会省去其中一侧，而底视图对设计参考的价值不大，也常被略去。通常情况下，我们只需要绘制出珠宝的正视图、侧视图、顶视图。

三视图的绘制

三视图的绘制与五视图的绘制一样，需要通过大量的平行线来辅助定型，这些辅助线主要用来保持各个视图间高度与宽度的统一。我们在金字塔下方加入一个长方体基座，即右图中的灰色部分，并以金字塔的绘制过程为例来练习三视图的绘制。

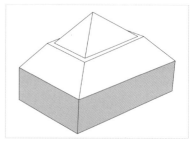

金字塔的立体展示图

三视图的具体绘制步骤如下。

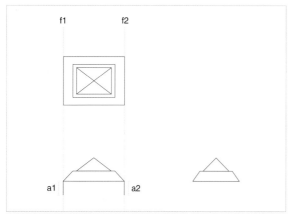

01 使用直尺画出f1、f2两条平行辅助线，然后沿辅助线在正视图中画出a1、a2两条边，两条边的长度在保持一致的情况下可自定。

> ⓘ 提示
>
> 为便于讲解和标注，演示步骤以电子线稿的方式进行绘制，自行练习时可以使用铅笔线稿，注意辅助线的颜色不要画得过深，最后所有的辅助线都需要用橡皮擦去。

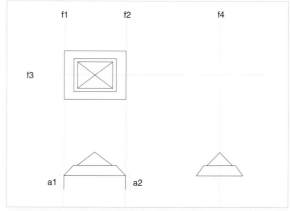

02 沿顶视图与侧视图的中点分别画出垂直辅助线，即f3、f4。

> ⓘ 提示
>
> 平行辅助线和垂直辅助线都要保证准确，如f1、f2需要绝对平行，f3、f4的夹角一定是90°。

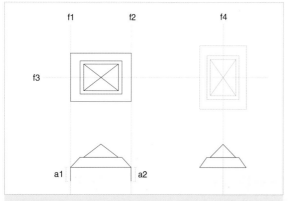

03 用硫酸纸复制顶视图，将顶视图顺时针旋转90°后以f3、f4辅助线的交点为中心，画出顺时针旋转90°后的顶视图。

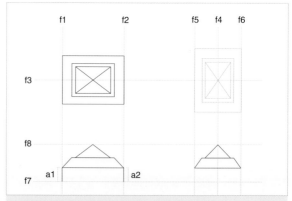

04 画出辅助线f5、f6、f7、f8，通过这4条辅助线可以确定侧视图的长、宽边界线。

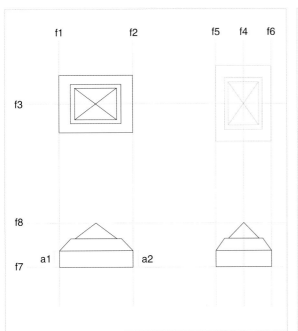

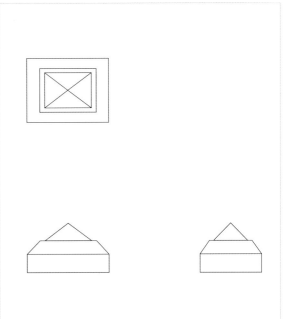

05 沿辅助线f7连接a1、a2下方的端点，然后根据f7与 f5、f6相交的部分画出基座的侧视图。

06 擦去辅助线和旋转后的顶视图，得到完整的三视图。

> **① 提示**
> 三视图绘制完成后，我们还可以根据实际的绘图情况添加更多的辅助线去检测其合理性。

在设计过程中，我们往往会先确定珠宝的1~2个面，然后根据辅助线绘制剩余部分。日常练习时，我们可以根据上面讲解的内容绘制戒指的侧视图。戒指的尺码很多，设计师在设计之前通常会选择一个大众化的尺码进行绘制，内径常用的设计尺码为17mm。

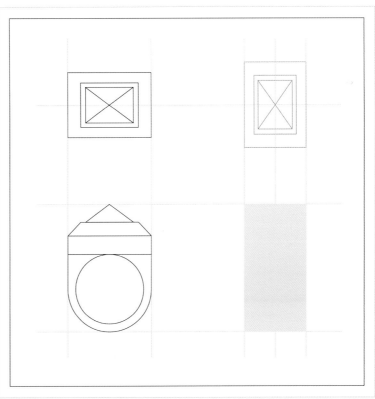

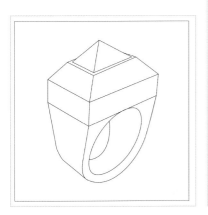

◇ 4.1.3 透视

　　透视是物体轮廓线因为空间关系而产生的平行交错现象，也是生活中一种常见的视觉感受。例如，原本平行的铁轨、马路、走廊等，在人的眼中，最终都会渐渐消失于一点。

步行长廊透视图

　　透视在绘画中的表现主要有两种：线透视与色彩透视。

　　线透视的表现基于基本透视原理，是物体结构线的变化。在绘画过程中要将原本平行的结构线在纸上画得微微倾斜，制造视觉消失点，以此在二维纸张上表现空间感。

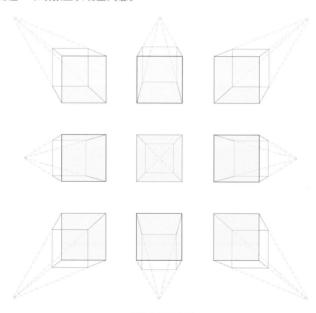

立方体透视原理

　　色彩透视的表现是指肉眼在观察物体时由于空气阻隔及视觉中心的影响，远处物体色彩的纯度及明度大幅下降，其原理和相机的小景深造成的照片背景虚化效果类似。色彩透视在早期的印象派风景画中运用得非常广泛。

　　由于珠宝的体积较小，设计师在绘画中往往需要运用线透视和色彩透视原理来共同营造空间感。只有将视觉感受合理化，画出来的珠宝才会更好看。

线透视的空间感

珠宝设计领域最基础的、最常见的线透视为宝石的透视。在不同的形体创意下，每颗宝石的台面朝向会不停转换，如下图中蒲公英造型的珠宝，其顶端的钻石会因球体造型而朝向各个方向，因此而我们在二维纸张上绘制这些宝石时，要注意其外轮廓结构会渐渐由正圆慢慢变为椭圆。

宝诗龙手绘线稿局部

宝石透视的角度是决定其外轮廓椭圆程度的重要因素，宝石台面转动的角度越大，其外轮廓就越趋近于椭圆，反之则越趋近于正圆。

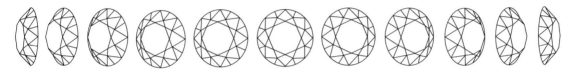

宝石线稿透视图

宝石线稿透视图的绘制与三视图的绘制相似，在多数情况下由于绘制的宝石较小，在实际绘画时只需描绘出宝石的外边缘线及代表台面的圆形或椭圆形即可。以下各个角度的宝石透视图可用作三视图练习，以便理解与掌握宝石的基本透视原理。其中，宝石的倾斜角度可通过画一条与宝石腰线相垂直的辅助线，以该辅助线与水平线的角度来确定。

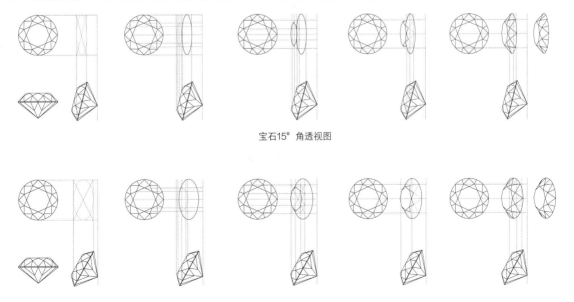

宝石15°角透视图

宝石30°角透视图

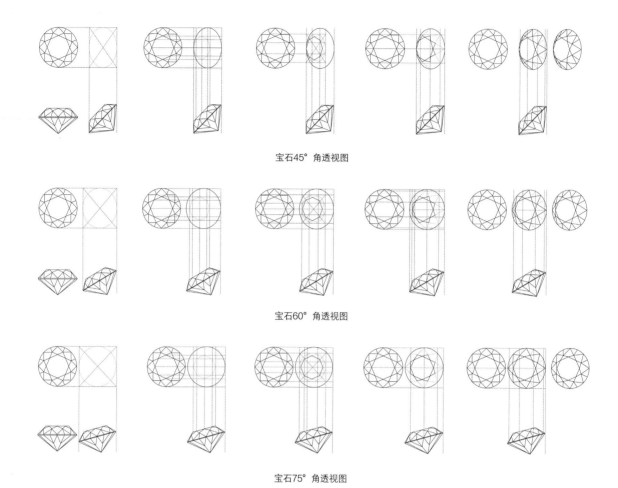

宝石45°角透视图

宝石60°角透视图

宝石75°角透视图

在完整的珠宝设计线稿中，我们需要用4个技巧来体现线稿的透视关系。以下图为例，下面将讲解如何体现项链中间的主体物与逐渐绕向颈后的链条部分的空间关系。

卡地亚高级珠宝透视线稿

第1点，体现宝石台面的大小变化。根据近大远小的透视原理，宝石台面的大小要从近处链条上的第1颗宝石逐渐递减至最后的第$n+1$颗宝石。通过宝石大小的变化，我们可以很直接地表现出整件珠宝的空间感。

第2点，体现宝石台面形状的变化。这一点即之前所讲的宝石各个角度的透视，它通过宝石圆形台面的旋转来表现每一颗宝石随着人体颈部结构而产生的朝向变化。

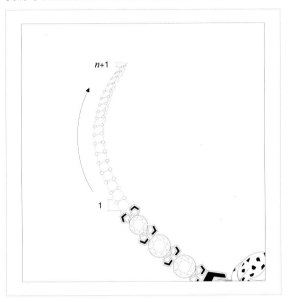

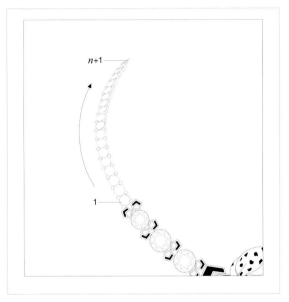

第3点，体现厚度变化。通过灰色区域的宝石厚度变化来体现形体的空间走势，宝石链条越靠后，我们所能看到的侧面金属部分也就越厚。

第4点，建立辅助性立方体。为整体珠宝构建一个辅助性的立方体，模拟珠宝展示的真实情景，辅助检查珠宝的空间透视关系。

> ⓘ 提示
>
> 珠宝厚度的刻画对珠宝设计手绘来说非常重要，细节上的厚度刻画可以很好地营造珠宝的立体感，没有厚度的珠宝会显得非常单薄，特别是有透视关系的项链部分会像一枚刀片般置于颈部，这是不利于最终的效果展示的。

> ⓘ 提示
>
> 辅助性立方体的建立应在珠宝线稿完成之后，用于空间透视关系的检查与校正。

色彩透视的空间感

　　色彩透视的空间感的表现有两个技巧：整体色彩处理与局部色彩处理。我们以之前完成的透视线稿为基础进行相关讲解。

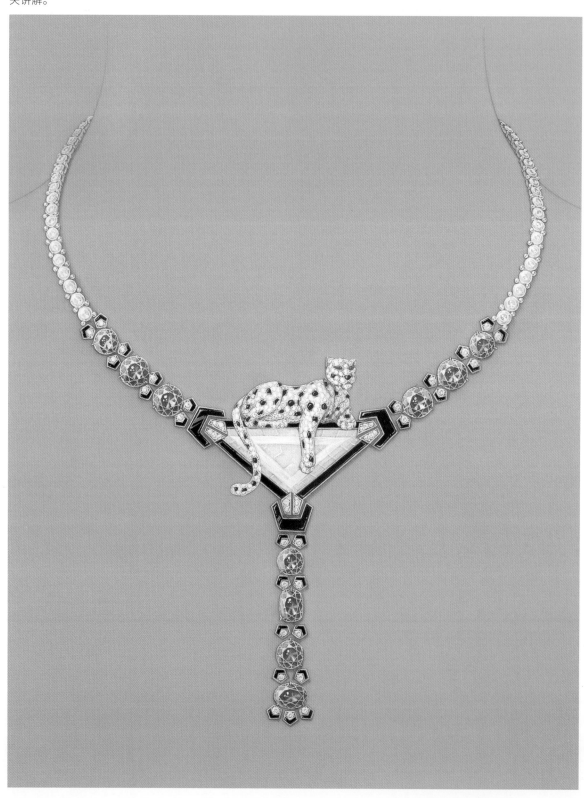

　　第1点，整体色彩处理。我们通过前后宝石的色彩变化来营造空间感，靠前的宝石明度、纯度更高，靠后的宝石明度、纯度更低。

　　在具体的绘制过程中，我们可以通过控制白色颜料的用量来控制每颗宝石亮部的明度，例如上图中靠近光源以及位于前方的绿色宝石，我们在刻画其亮部时可以将白色颜料调得浓稠一些，上色时尽量将宝石的底色完全覆盖；而对于远处的宝石，我们在刻画其亮部时，可将白色颜料加水调得轻薄一些，上色之后要微微透出宝石的底色。如此，画面中便可形成较强的明度对比。

　　第2点，局部色彩处理。以项链中部的豹子为例，其肩部与腿部的宝石画得更亮，臀部、颈部、胸部的宝石画得更暗，通过这样的简单对比便可以营造出细节上的空间感。

　　与此同时，在形体转折处，可在其结构线的右侧加上一些局部的阴影效果。

> **提示**
>
> 　　豹子身上的每块黑色斑纹都要根据实际的空间关系进行差异化的刻画，例如肩部、腿部的斑纹的高光要更加明亮，形体转折处的斑纹则要省去高光的刻画，做虚化处理。

4.1.4 设计草图

　　设计草图指根据设计主题，以线稿的形式将设计意图具象化，具体来讲就是通过手中的铅笔，快速找寻并抓取最具设计价值的创意点。作为创意实现的起始点，画设计草图不需要追求精细度，但对设计师的绘画造型能力有较高的要求。

　　设计草图的绘制要经历3个步骤，依次为素材提取、草图甄选、草图细化。

素材提取

　　素材提取在设计草图阶段极为重要，它是决定最终设计成果优劣的重要一步。作为职业珠宝设计师，设计素材的选择主要以图片的形式来呈现，在确定珠宝设计主题之后，设计师需要通过书籍、网络、博物馆等各类渠道选择相关的图片资料并将其整理和打印出来。好的设计素材应具备以下几种特性。

　　一是素材与主题的契合度高。设计师在收集设计资料及图片素材时，要完全围绕设计主题展开，否则一旦素材跳出了设计范畴，那整个设计都会面临偏离主题的风险。

　　二是素材的广泛性。在素材的门类选择上，不要局限于与珠宝相关的设计元素，故步自封。设计师可以广泛参考其他的艺术文化门类，例如摄影、雕塑、建筑、歌剧等。只要是与主题相关的素材，都可进行收录。

　　三是素材的独特性。没有门类限制地收集素材，并不意味着要照单全收一切相关资料，设计师还需凭借自身的审美判断能力，去选择一些不常见甚至偏冷门的设计元素，否则在设计完成之后很容易出现"撞款"的现象。

在素材收集并打印完成之后，我们可以在纸张的空白位置，直接提取相关的设计点进行快速绘制，必要时还可用水彩笔简单填色以观察大致的珠宝呈现效果。若绘于其他纸张之上，可使用剪刀将草图剪下并粘贴汇总于同一张纸上，以方便后续的草图甄选与细化。

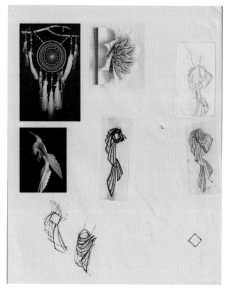

笔者的手绘设计草图

草图甄选

在设计过程中，我们会画出大量的设计草图，如何选择最佳的设计草图去深入刻画，是这一阶段需要解决的主要问题。路易·威登高级珠宝设计部的甄选法则是"20选3再选1"，即设计师先从20张设计草图中自行选取3张并加以深入，之后再由设计总监及同事一起从中选取1个最佳方案。

路易威登的这一甄选方式是将设计草图量化，方便珠宝设计师们在草图甄选阶段形成一个简单的评判标准。若设计元素准确，他们可快速从众多设计草图中选取2~3个最佳设计方向，快速进入下一设计环节，从而节约时间成本。

罗密欧（ROMEO）猫猫胸针设计草图

以罗密欧猫猫胸针的设计草图为例,在快速抓取猫咪的多种姿态轮廓后,需要从中选取2~3个姿态加以细化。草图的细化共分为两个部分。一是将草图中多余的线条去除,留下必要的结构线及轮廓线;二是添加局部细节,在此过程中需要参考大量的猫咪照片,以抓取一些具有代表性的细节。

下图所示的3张设计草图分别抓取了猫咪嬉戏、站立和侧卧的姿态,以生动刻画动物造型类珠宝的具象化特征。同时针对不同的姿态,我们需要考虑其所需搭配的主石、色调以及基本的比例关系。

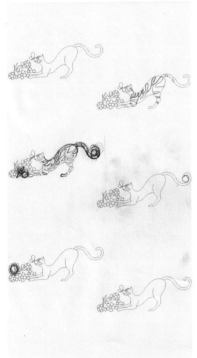

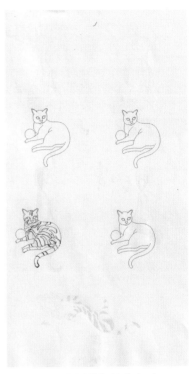

罗密欧猫猫胸针线稿细化(一)　　　　罗密欧猫猫胸针线稿细化(二)　　　　罗密欧猫猫胸针线稿细化(三)

> ❶ **提示**
>
> 在细化设计草图的过程中,笔者建议一次性打印多张,以便进行不同色彩、纹路的尝试。

上述草图实现的效果图如下。

猫咪嬉戏姿态　　　　　　　　　　猫咪站立姿态　　　　　　　　　　猫咪侧卧姿态

4.2 效果图的绘制

效果图是珠宝设计的最终表现形式，是审视设计、尺寸、色彩搭配是否合理的重要工具。在高级珠宝设计中，手绘效果图有独特的艺术价值。

 ## 4.2.1 绘前准备

在珠宝设计手绘高级技法的学习过程中，我们要对一些绘画细节做进一步的优化。例如，做好绘画前的一系列准备工作，之后的绘画过程会更加顺利、舒适。

纸张与比例

在作画之前，我们需要根据所绘的内容选择纸张。绘制造型复杂、用时较长的项链或头冠类珠宝时应选用大克数的灰卡纸，以防止长时间作画导致纸张变形。而在绘制基础商业类珠宝时，我们可以选择小克数的灰卡纸或者150g的硫酸纸直接作画。

通常选用的纸张尺寸为A4（210mm×297mm）与A3（297mm×420mm），为了便于观察效果图中的内容与实物的比例关系，可以在纸张的右下角设置50mm的比例尺线段作为参考对象。

画面的保护

除了必要的手部清洁工作之外，在绘画之初还可以取一张卡纸，将不需要作画的区域裁掉，将这张卡纸放在画面上，如下图所示，以避免手部和纸张接触过多。这样绘制出来的效果图会显得非常整洁、干净。

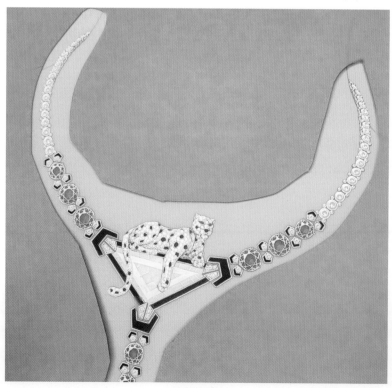

卡纸遮盖范例

高光笔的使用技巧

　　高光笔是一种类似于白色涂改液的液体画笔，主要用于绘制宝石高光点及提高珠宝亮部的明度。作为一种快捷工具，高光笔在一定程度上可以代替勾线笔进行绘制并提高绘图效率。

　　笔者常用的高光笔是三菱POSCA系列的PC-1MR，使用前要上下摇晃高光笔，让笔液压缩下沉，绘画时微微用力下压以熟悉压感和流量，若用力过猛，笔液会大量外泄进而污染画面。

三菱POSCA系列的PC-1MR

 # 4.2.2 绘制技巧

材质设定：18K白金、钻石、祖母绿、水晶、黑漆。

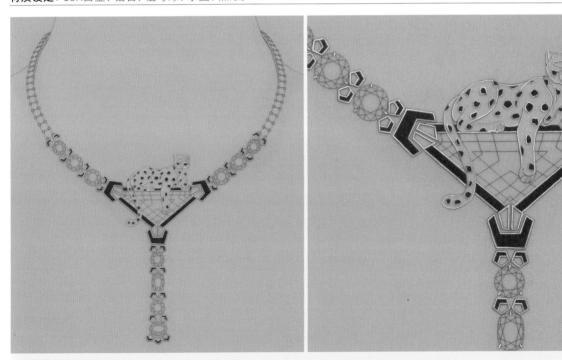

01 使用白金色阶中的颜色刻画金属边框。刻画边框的同时要对金属的颜色做基础的明暗对比刻画，以表现整幅画的预设光源方向及明暗关系。

> **① 提示**
> 后期在绘制珠宝效果图时，金属部分可根据颜色分类直接使用第2章介绍的3种金属色阶颜色，以保持颜色的统一性。

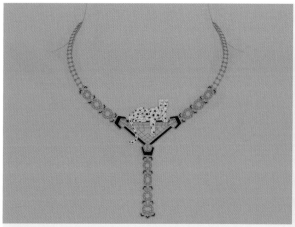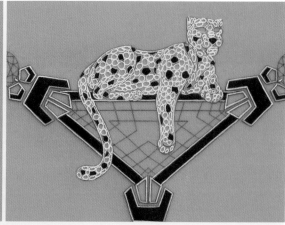

02 使用针管笔绘制项链中心的豹身上的小钻的外轮廓。

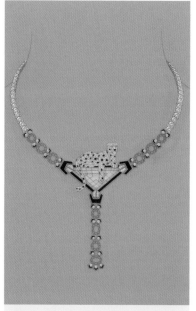

03 使用钛白色铺填豹身下方白色水晶的底色，颜色尽量薄透一些。

04 使用针管笔绘制项链的所有白色小钻部分，绘制内容包括小钻的外轮廓线、台面刻面线，以及其亮部区域。

05 使用祖母绿铺填绿色宝石的底色，然后用勾线笔蘸取钛白色刻画宝石的细节。

ⓘ 提示

　　当有了一定的绘画基础，需要绘制的效果图又相对繁复时，我们在铺填底色的时候可以直接对一些局部细节做适当的刻画。例如案例中项链的钻石部分，可直接用勾线笔或者针管笔画出钻石的外形、钻石的台面、钻石的亮部等，以节省浣洗笔尖和多次绘制的时间。同理，祖母绿的刻画线及亮部也可以在同时绘制完成。

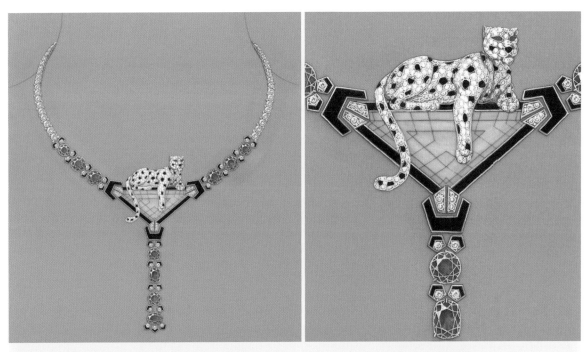

06 刻画项链的中心区域,即豹身的群镶工艺质感、宝石的立体感和三角形白色水晶的半透明质感等。

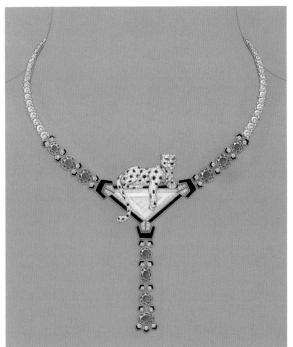

07 用勾线笔与钛白色刻画三角形白色水晶的半透明质感。

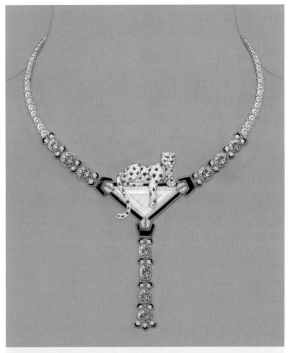

08 使用钛白色提亮所有祖母绿的亮部,并点上高光点。

> **! 提示**
> 在使用钛白色绘制水晶时,可采用少量多次的办法分层提亮,以绘制出半透明的晶体质感。

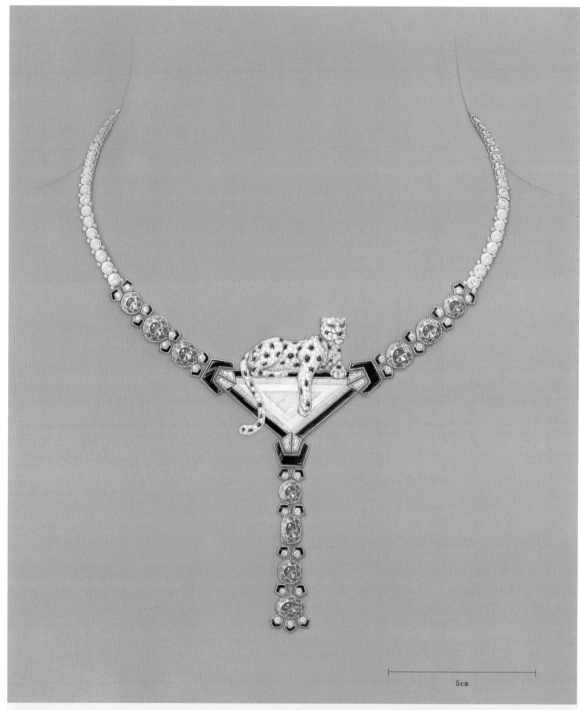

5cm

09 使用钛白色刻画项链两侧的钻石链条的亮部,并用浅灰色画出项链的整体投影。最后,在画面右下角添加比例尺。

🛈 **提示**

　　为了增强空间感,可以使用水粉笔蘸取稀释的黑色颜料,微微遮盖豹子颈部附近的钻石高光。降低这部分钻石的亮度之后,形体的转折会显得更加真实与自然。

　　画面右下角的比例尺是为了后期制作施工时,制作人员对项链局部或整体的尺寸有一个参照标准。对一张合格的高级珠宝设计手绘图,我们要始终以1:1的比例进行绘制,这样才能感受并把握所绘珠宝的实际设计效果。

4.3 施工图的规范

绘制施工图是职业珠宝设计师的必修课，否则再好的设计也很难通过他人的双手制作、表现出来。施工图的主要内容包括施工预算与施工标注两部分，必要时还会添加施工流程这一部分。施工图的意义在于有效地引导制作人员根据设计师的设计理念与设计细节进行处理，完成整件珠宝的制作，减少制作误差。

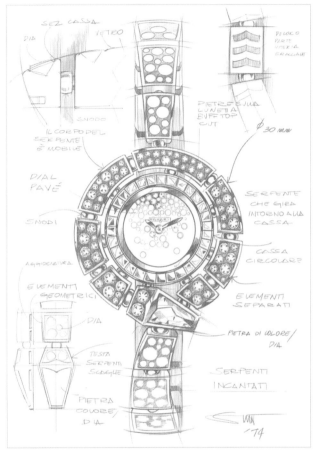

宝格丽蛇系列高级腕表设计施工图

宝格丽蛇系列高级腕表

4.3.1 施工预算

施工预算通常是指在设计完成后，对珠宝制作成本的预估与计算，计算内容包括原材料价格与制作工费。准确的预算可以帮助设计师选取适合的材质交予工厂进行成品制作。

除此之外，设计师在设计初期也要对设计生产成本有一个初步的预算。例如在高级定制珠宝的设计案例中，设计师要始终根据客户的预算去进行设计及后期的选材工作。若超出预算，则需要尽快更换金属、宝石等制作材料。

材料预算

材料预算包括金属与宝石两部分的预算。金属部分以黄金为例，以克为单位，先估算出要使用的克重，之后再乘以当日金价，即可得出购买所需黄金的预算。宝石的购买预算则比较灵活，除了钻石有较为统一的市场定价外，其他宝石都应以宝石供应商的报价为准。

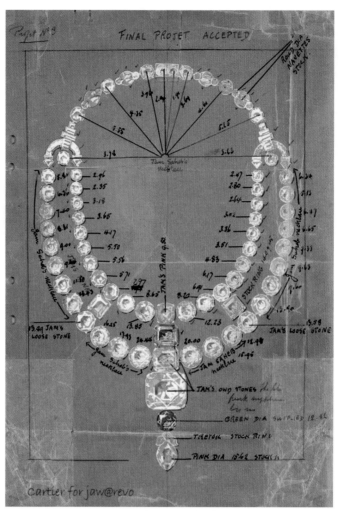

卡地亚珠宝早期材料标注图

工时预算

　　工时预算包括人工成本与工艺成本两部分的预算。人工成本即工厂的制作成本，例如执模、执金、镶嵌、抛光等的成本，可根据工厂的直接报价做预算。工艺成本主要包括一些机械类的工作，例如电镀、激光刻字、倒模等机械加工环节所产生的制作费用。

　　在高级珠宝的设计案例中，工时预算要占整件珠宝施工预算的一半以上。

4.3.2 施工标注

　　施工标注是将珠宝制作环节图形化、数字化的制图技法，主要通过例图、数据、工艺解析等细节标注来规范制作过程中的每一环节。施工标注的内容共分为3类：尺寸标注、材质工艺标注、补充备注。

尺寸标注

　　尺寸标注即珠宝主体及各部件尺寸的测量标注，基本标注单位为mm（毫米）。珠宝类的标注会精确到0.1mm，腕表类的标注须精确到0.01mm。尺寸标注的基准图建议以线稿为主。

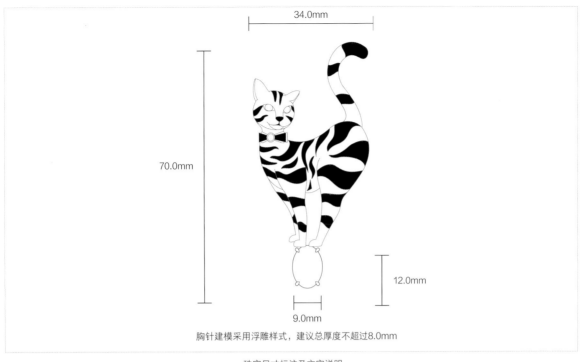

胸针建模采用浮雕样式，建议总厚度不超过8.0mm

珠宝尺寸标注及文字说明

材质工艺标注

材质工艺标注较为复杂，需要设计师对工厂制作流程及珠宝工艺有一定的了解，越详尽越好。

以下图为例，材质工艺标注中的标注内容包括黑漆工艺的施工指导、小钻使用群镶工艺的指导，以及配石、主石的材质与其他信息。材质工艺标注的基准图建议以效果图为主。

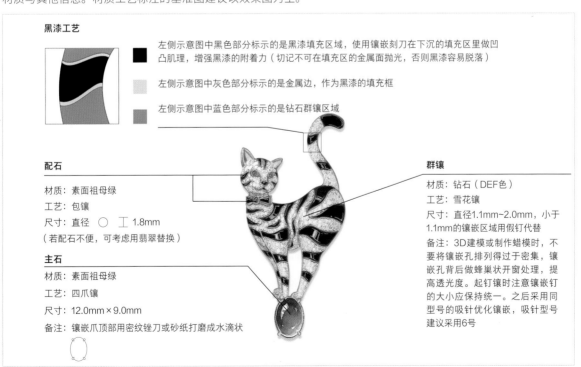

黑漆工艺

左侧示意图中黑色部分标示的是黑漆填充区域，使用镶嵌刻刀在下沉的填充区里做凹凸肌理，增强黑漆的附着力（切记不可在填充区的金属面抛光，否则黑漆容易脱落）

左侧示意图中灰色部分标示的是金属边，作为黑漆的填充框

左侧示意图中蓝色部分标示的是钻石群镶区域

配石

材质：素面祖母绿
工艺：包镶
尺寸：直径 ○ ⬚ 1.8mm
（若配石不便，可考虑用翡翠替换）

主石

材质：素面祖母绿
工艺：四爪镶
尺寸：12.0mm×9.0mm
备注：镶嵌爪顶部用密纹锉刀或砂纸打磨成水滴状

群镶

材质：钻石（DEF色）
工艺：雪花镶
尺寸：直径1.1mm~2.0mm，小于1.1mm的镶嵌区域用假钉代替
备注：3D建模或制作蜡模时，不要将镶嵌孔排列得过于密集，镶嵌孔背后做蜂巢状开窗处理，提高透光度。起钉镶时注意镶嵌钉的大小应保持统一。之后采用同型号的吸针优化镶嵌，吸针型号建议采用6号

施工图材质工艺标注

补充备注

补充备注包括珠宝施工日期、制作单号信息、珠宝背部信息标注等补充性内容,例如珠宝背部刻字的位置及内容、珠宝封口结构、机关闭合结构等。

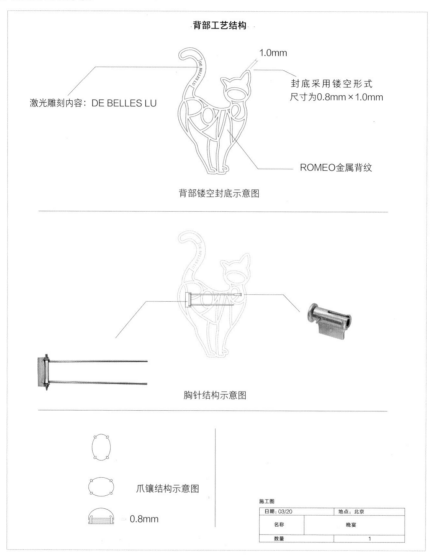

施工图补充备注

> ⓘ **提示**
>
> 补充备注部分是优化设计细节的最佳环节。例如,设计师可以在珠宝结构的背部图中添加切合设计主题的纹样、刻字和镂空造型等。

4.4 本章结语

本章主要对珠宝设计手绘高级技法进行了多方面的介绍。珠宝设计手绘高级技法的内容非常职业化,设计师需要在之后的学习、工作中多加练习,同时,需要将其和珠宝设计手绘基础技法以及珠宝设计手绘中级技法结合练习。

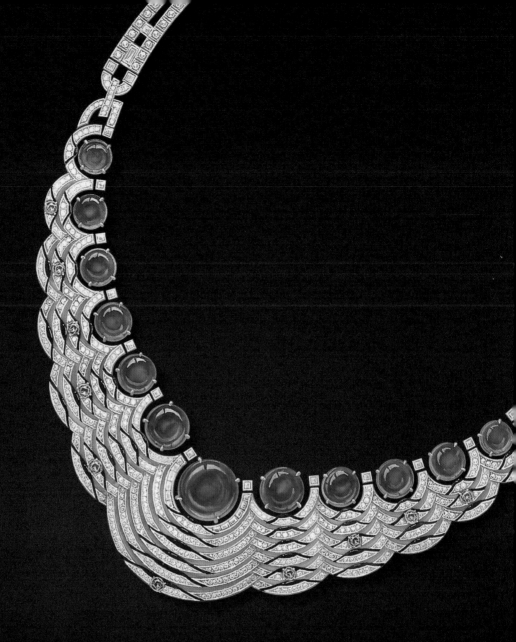

第 5 章

创意表现技法

创意表现技法是高级珠宝设计师必备的一种珠宝设计手绘技法，该技法在以水粉颜料为基础的传统手绘技法中，大胆地使用了一些新的绘画材料与工具，例如硫酸纸、水彩笔、针管笔等。珠宝设计师可根据这些新材料、新工具的基本特性，创造出一套属于自己的珠宝设计创意表现技法。

5.1 快速表现技法

　　快速表现技法用到的主要手绘工具是水彩笔与针管笔，其优势在于设计师在创作阶段就可以通过这些简易的上色工具进行珠宝设计手绘效果图的表现。由于不需要勾线、换水、调色，快速表现技法的单图绘制时间可以控制在30分钟以内，这大大缩短了珠宝设计手绘效果图的绘制时间。此种表现技法主要适用于独立珠宝设计师及专业珠宝设计工作室的日常设计工作。

◇ 5.1.1 常用金属快速上色技巧

　　常用金属的快速上色技巧与传统的金属上色技巧之间有很大的区别。除了绘画工具不同，快速上色时也不使用灰卡纸，而是选用150g或者200g的硫酸纸作为绘画载体，这是因为灰卡纸的吸水性会阻碍水彩笔的色彩表现。此外，两种上色技巧在绘画顺序和色阶表现上也有很多不同之处。本书会在之后的绘画步骤中详细讲解这些差异。

扫码观看视频

　　水彩笔是生活中一种常见的绘画工具，常用于儿童画、漫画、服装设计等领域。珠宝设计对水彩笔的品质要求较高，建议使用蜻蜓软头水彩笔，该水彩笔的笔尖非常细，便于刻画珠宝设计手绘图中的种种细节，本书此后案例中的水彩笔皆指蜻蜓软头水彩笔。

　　相较于其他领域，水彩笔在珠宝设计中的使用较为简单，一般只需要根据对应的色号进行平铺。常用金属的固定色号如下。

蜻蜓软头水彩笔

18K白金： N95、N65。

18K黄金： 055、993。

18K玫瑰金： 850、912。

◇ 18K 白金

给18K白金快速上色的步骤如下。

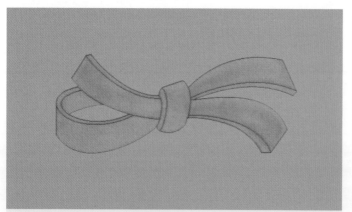

01 使用蜻蜓N95号水彩笔铺填底色。

> **① 提示**
>
> 　　在使用水彩笔进行大面积填色时，可稍微放平笔头，以增大笔头与纸张的接触面积，这样填色效率会更高，色彩也会更加均匀。

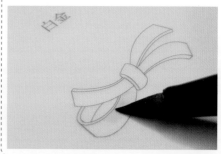

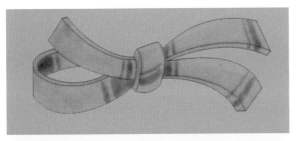

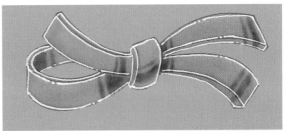

02 使用蜻蜓N65号水彩笔刻画金属的暗部。绘制时注意要一次性完成上色，即使是使用同色号的水彩笔，在重复上色之后，颜色也会加深许多。

03 使用针管笔勾勒金属的边缘线，笔尖尽量与纸面垂直，以保障使用针管笔绘制时的流畅性。当所绘的边缘线较长或者曲度较大时，我们可以挪动或旋转纸张，以保证始终以一种舒适的状态进行绘制。

> ❗ 提示
> 勾勒边缘线时，可做虚实断点处理，使线条灵动、不呆板。

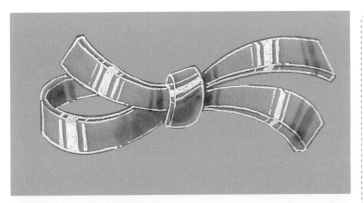

> ❗ 提示
> 快速表现技法中金属高光的绘制位置与使用传统的金属上色技巧绘制时一致。

04 使用针管笔刻画金属高光，注意每处高光的排线数量不要超过5条。

🔶 18K 黄金

给18K黄金快速上色的步骤如下。

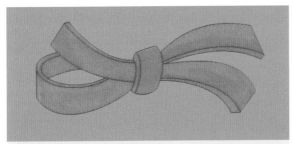

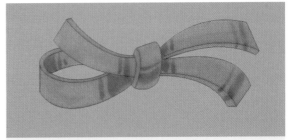

01 使用蜻蜓055号水彩笔铺填底色。

02 使用蜻蜓993号水彩笔刻画金属暗部。

> ❗ 提示
> 由于水彩笔的颜色覆盖力较差，颜色一旦画错就需要重新再来，因此在上色之前，你可以在空白纸张上多尝试几次，确定色彩效果后再作画。

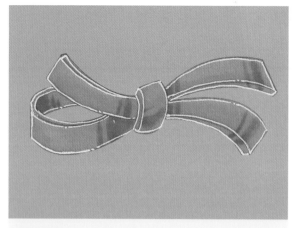

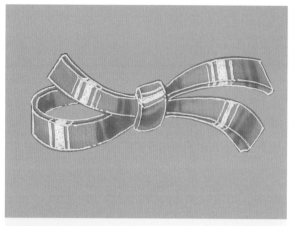

03 使用针管笔勾勒金属的边缘线，并注意对边缘线做断点处理。

04 使用针管笔刻画金属高光，注意每处高光的排线数量不要超过5条。

💎 18K 玫瑰金

给18K白金快速上色的步骤如下。

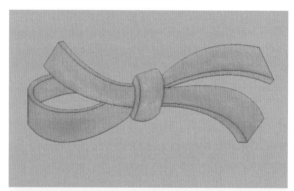

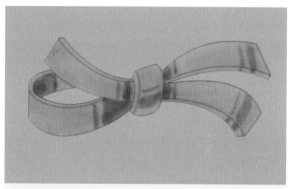

01 使用蜻蜓850号水彩笔铺底色，由于蜻蜓850号水彩笔的颜色较浅，可多铺两次底色。

02 使用蜻蜓912号水彩笔刻画金属暗部，上色时笔尖与纸张不要接触过久，轻轻扫过即可，否则暗部的颜色会过深。

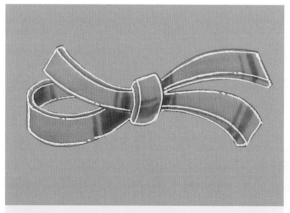

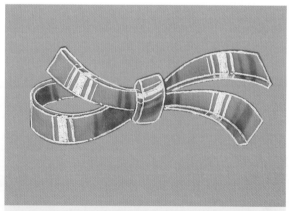

03 使用针管笔勾勒金属的边缘线，并注意对边缘线做断点处理。

04 使用针管笔刻画金属高光，注意每处高光的排线数量不要超过5条。

🔷 5.1.2 常用宝石快速上色技巧

　　水彩笔绘制的金属，在视觉上相较于使用传统手绘技法即主要使用水粉绘制的金属更单薄，这是不同绘画工具造成的，但也正因如此，水彩笔颜色具有的通透性使其绘制的宝石比使用传统手绘技法绘制出的宝石更加出彩。

　　使用水彩笔绘制宝石的技巧与绘制金属的技巧相似，但由于宝石色彩多样，往往需要两种颜色配合使用才能更好地表现宝石的颜色与质感。

　　常用宝石的固定色号如下。

钻石： N95、N65。

红宝石： 912、845、899。

蓝宝石： 553、565。

祖母绿： 195、277。

海蓝宝石： 451、452。

沙弗莱石： 243、195、227。

摩根石： 873、905。

帕拉伊巴： 373、443。

芬达石： 905、837。

紫晶： 620、676。

黄晶： 055、993、905。

粉晶： 723、703。

白珍珠： N65、N00。

🔷 钻石

　　使用水彩笔绘制钻石的流程示意图及具体步骤如下。

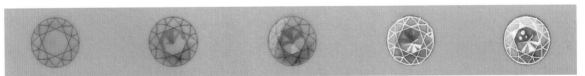

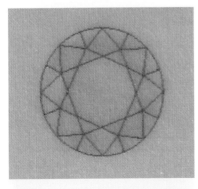

01 使用硫酸纸复制并绘制刻面线稿，然后使用蜻蜓N95号水彩笔铺填底色。

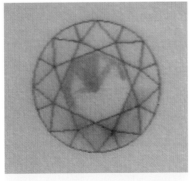

02 使用蜻蜓N65号水彩笔刻画钻石的暗部，即钻石的右下角及台面的左上角。

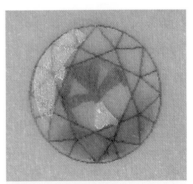

03 使用高光笔刻画钻石的亮部，即钻石的左上角及台面的右下角。

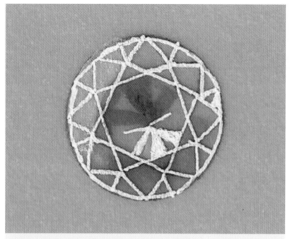 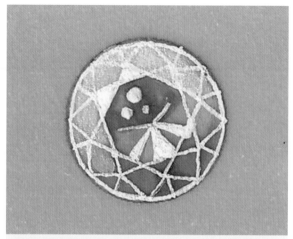

04 使用针管笔绘制钻石的刻面线及外边缘线。再使用
高光笔在钻石台面的右下角绘制高光区域。

05 使用高光笔继续刻画加深钻石左上部的高光区域，
并在钻石台面的左上角点3个大小不一的高光点。

红宝石

使用水彩笔绘制红宝石的流程示意图及具体步骤如下。

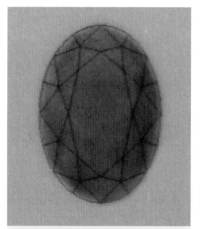 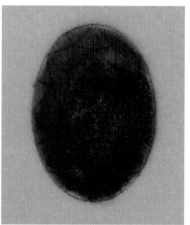 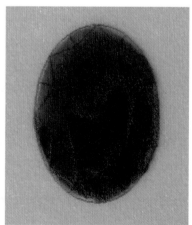

01 使用硫酸纸复制并绘制刻面线
稿，然后使用蜻蜓912号水彩笔铺填
底色。

02 使用蜻蜓845号水彩笔加深红
宝石的颜色，颜色浓度从左上到右
下依次递增，以营造光影变化。

03 使用蜻蜓899号水彩笔刻画红宝
石的暗部，即红宝石的右下角及台面
的左上角。

> ❶ 提示
>
> 　　为什么步骤01中使用水彩笔绘制的红宝石的底色非常浅？这是因为水彩笔与水粉颜料最大的不同之处在于水粉颜料具有较强
> 的覆盖力，因此可以在铺完底色后随意提亮或加深颜色，而水彩笔的颜色由于覆盖力较差，只能从浅色画起，并逐步加深。

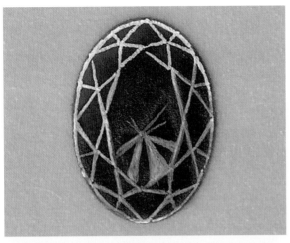 

04 使用针管笔绘制红宝石的刻面线及外边缘线。再使用高光笔在红宝石台面的右下角绘制高光区域。

05 使用高光笔在红宝石的左上角绘制高光区域，并在红宝石台面的左上角点3个大小不一的高光点。

> **⏺ 提示**
> 刻面线的颜色变化是宝石底色浸染导致的自然渐变，这样的渐变效果可以帮助我们更好地表现红宝石的立体感以及局部的明暗对比关系。

◇ 蓝宝石

使用水彩笔绘制蓝宝石的流程示意图及具体步骤如下。

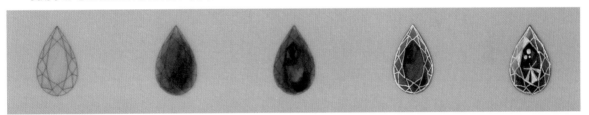

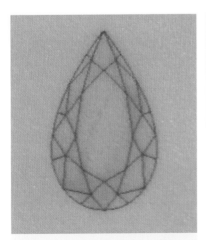  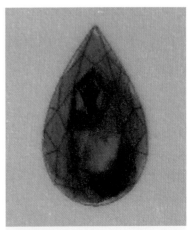

01 使用硫酸纸复制并绘制刻面线稿，然后使用蜻蜓553号水彩笔铺填底色。

02 使用蜻蜓565号水彩笔加深蓝宝石的颜色，颜色浓度从左上到右下依次递增，以营造光影变化。

03 使用蜻蜓565号水彩笔刻画蓝宝石的暗部，即蓝宝石的右下角及台面的左上角。

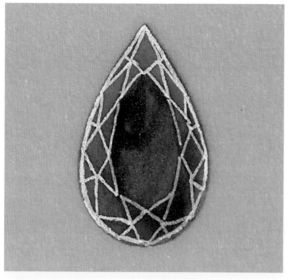

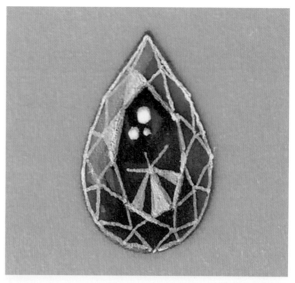

04 使用针管笔绘制蓝宝石的刻面线及外边缘线。

05 使用高光笔在蓝宝石的左上角及台面的右下角绘制高光区域，并在蓝宝石台面的左上角点3个大小不一的高光点。

◇ 祖母绿

使用水彩笔绘制祖母绿的流程示意图及具体步骤如下。

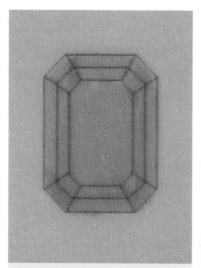

01 使用硫酸纸复制并绘制刻面线稿，然后使用蜻蜓195号水彩笔铺填底色。

02 使用蜻蜓277号水彩笔加深祖母绿的颜色，颜色浓度从左上到右下依次递增，以营造光影变化。

03 使用蜻蜓277号水彩笔加深祖母绿的暗部，即祖母绿的右下角及台面的左上角。

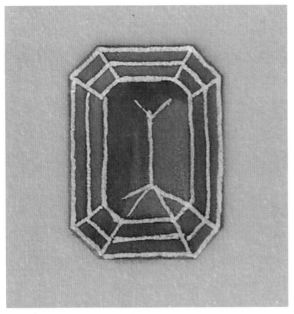

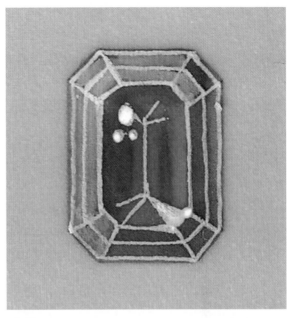

04 使用针管笔绘制祖母绿的刻面线及外边缘线。

05 用高光笔刻画祖母绿的亮部，在宝石台面的左上角点3个大小不一的高光点。

◇ 海蓝宝石

使用水彩笔绘制海蓝宝石的流程示意图及具体步骤如下。

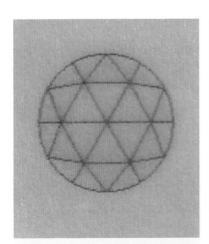

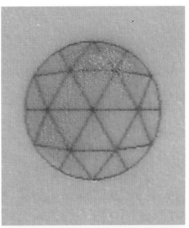

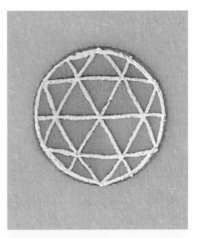

01 使用硫酸纸复制并绘制刻面线稿，然后使用蜻蜓451号水彩笔铺填底色。

02 使用蜻蜓452号水彩笔加深海蓝宝石的颜色，颜色浓度从左上到右下依次递减，以营造海蓝宝石的透光效果。

03 使用针管笔绘制海蓝宝石的刻面线及外边缘线。

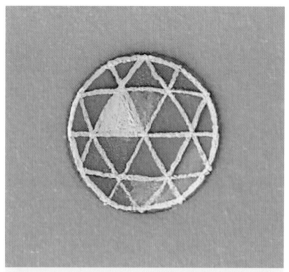 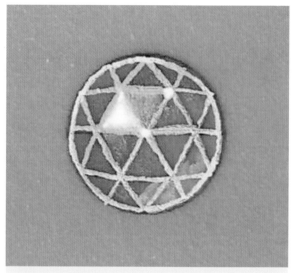

04 使用高光笔刻画海蓝宝石的亮部及右下方的反光区域。

05 刻画海蓝宝石左上角的三角形高光区域，并在其右侧的刻面线交会处点两个辅助性高光点。

💎 沙弗莱石

使用水彩笔绘制沙弗莱石的流程示意图及具体步骤如下。

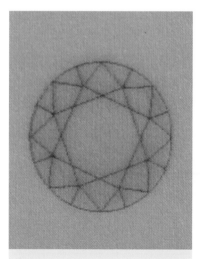 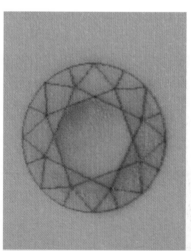 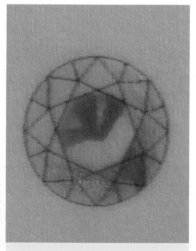

01 使用硫酸纸复制并绘制刻面线稿，然后使用蜻蜓243号水彩笔铺填底色。

02 使用蜻蜓195号水彩笔晕染沙弗莱石的暗部，即台面的左上角及沙弗莱石的右下角。

03 使用蜻蜓227号水彩笔在沙弗莱石台面的左上角画出3个深色三角形，然后使用同一根水彩笔晕染加深宝石右下角的暗部颜色。

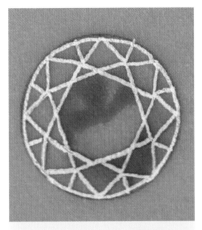
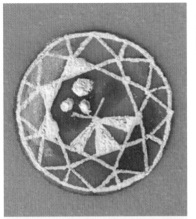

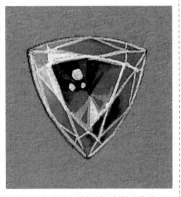

04 使用针管笔绘制沙弗莱石的刻面线及外边缘线。

05 使用高光笔刻画沙弗莱石的亮部，然后在沙弗莱石台面的左上角点3个大小不一的高光点。

使用灰卡纸和水粉颜料绘制的沙弗莱石

◇ 摩根石

使用水彩笔绘制摩根石的流程示意图及具体步骤如下。

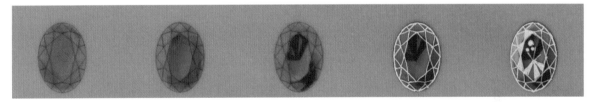

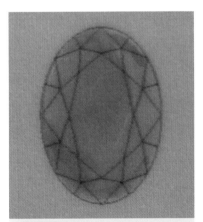
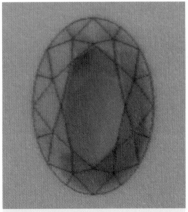
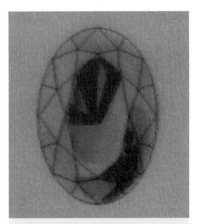

01 使用硫酸纸复制并绘制刻面线稿，然后使用蜻蜓873号水彩笔铺填底色。

02 使用蜻蜓905号水彩笔晕染摩根石的暗部，即台面的左上角及摩根石的右下角。

03 使用蜻蜓905号水彩笔在摩根石台面的左上角画出3个深色三角形，然后使用同一根水彩笔晕染加深摩根石右下角的暗部颜色。

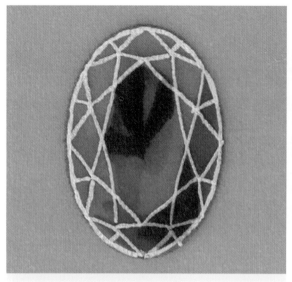 

04 使用针管笔绘制摩根石的刻面线及外边缘线。

05 使用高光笔刻画摩根石的亮部，然后在摩根石台面的左上角点3个大小不一的高光点。

◇ 帕拉伊巴

　　帕拉伊巴是碧玺的一种，通体晶莹剔透，且呈现特有的蓝绿色调。帕拉伊巴晶体内部含有大量的铜、锰等金属元素，因此它的火彩与荧光效果比其他色系的碧玺更为出众。这种明亮的水蓝色，在珠宝设计领域常常被称为霓虹蓝。帕拉伊巴是浅蓝色调珠宝设计的首选宝石。

帕拉伊巴戒指

使用水彩笔绘制帕拉伊巴的流程示意图及具体步骤如下。

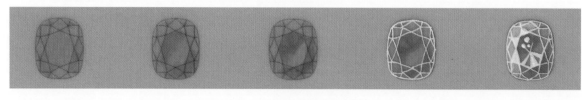

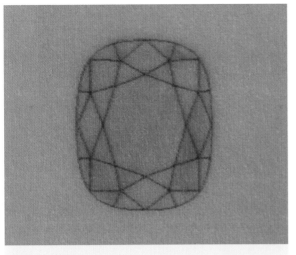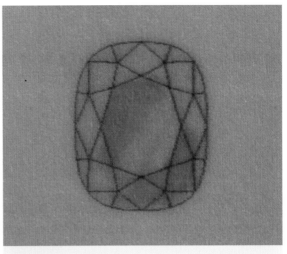

01 使用硫酸纸复制并绘制刻面线稿，然后使用蜻蜓
373号水彩笔铺填底色。

02 利用水彩笔反复绘制产生叠色效果，即使用蜻蜓
373号水彩笔晕染帕拉伊巴的暗部，也就是台面的左上角
及帕拉伊巴的右下角。

> **! 提示**
> 在使用蜻蜓373号水彩笔进行帕拉伊巴暗部颜色的晕染时，叠色的次数应在3次以上，如此才会有较明显的明暗对比。每次上
> 色的时间间隔也要控制在10秒以上，以留给上一层颜色一定的阴干时间。

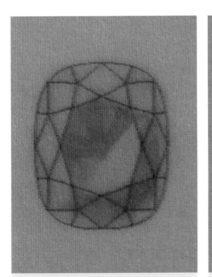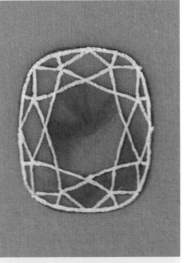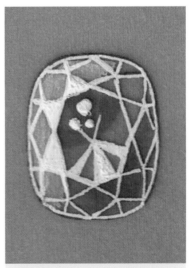

03 使用蜻蜓443号水彩笔在帕拉
伊巴台面的左上角画出3个深色三角
形，然后使用同一根水彩笔晕染加深
帕拉伊巴右下角的暗部颜色。

04 使用针管笔绘制帕拉伊巴的刻
面线及外边缘线。

05 使用高光笔刻画帕拉伊巴的亮
部，然后在帕拉伊巴台面的左上角
点3个大小不一的高光点。

> **! 提示**
> 由于上一步反复叠色晕染，到这一步时硫酸纸会变得较为湿润，纸张表面的纹理因为水彩笔笔尖的反复揉蹭也会有所变化。
> 因此在绘制暗部细节之前，要耐心等待纸张完全干透。根据当日天气情况与绘画环境的不同，等待的时间一般为1~3分钟。

◇ 芬达石

芬达石是石榴石的一种，与常见的深红色石榴石不同，芬达石通体呈橙红色，其主要产地为纳米比亚西北部的库内内内河流域。芬达石的颜色虽然以橘色调为主，但其颜色会根据晶体内铁元素含量的变化而产生细微的差异。当铁元素含量较高时，芬达石的颜色会趋近于红棕色；当铁元素含量较低时，芬达石的颜色会趋近于橙色。

芬达石戒指

使用水彩笔绘制芬达石的流程示意图及具体步骤如下。

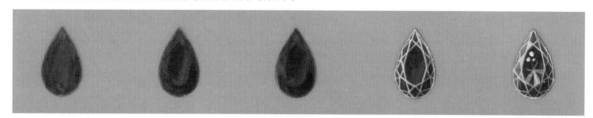

01 使用硫酸纸复制并绘制刻面线稿，然后使用蜻蜓905号水彩笔铺填底色。

02 利用水彩笔反复绘制产生叠色效果，即使用蜻蜓905号水彩笔晕染芬达石的暗部，也就是台面的左上角及芬达石的右下角。

03 使用蜻蜓837号水彩笔在芬达石台面的左上角画出3个深色三角形，然后使用同一根水彩笔晕染加深芬达石右下角的暗部颜色。

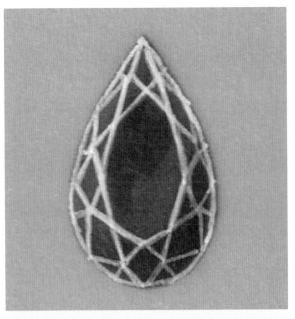

04 使用针管笔绘制芬达石的刻面线及外边缘线。

05 使用高光笔刻画芬达石的亮部，然后在芬达石台面的左上角点3个大小不一的高光点。

◇ 紫晶

使用水彩笔绘制紫晶的流程示意图及具体步骤如下。

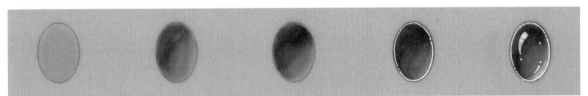

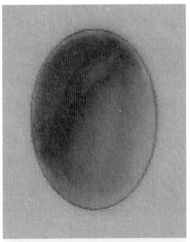

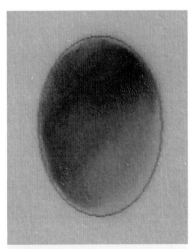

01 使用泰米尺在硫酸纸上绘制椭圆线稿，然后使用蜻蜓620号水彩笔铺填底色。

02 使用蜻蜓676号水彩笔加深紫晶的颜色，颜色浓度从左上到右下依次递减，以制造紫晶的透光效果。

03 使用蜻蜓676号水彩笔刻画紫晶的暗部，将暗部的颜色晕染得更加均匀。

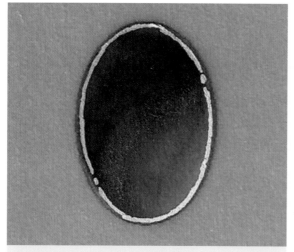 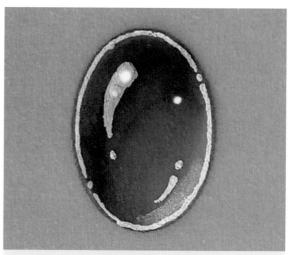

04 使用针管笔绘制紫晶的边缘线，并注意对边缘线做断点处理。

05 使用高光笔刻画紫晶的反光区和高光。

💎 黄晶

使用水彩笔绘制黄晶的流程示意图及具体步骤如下。

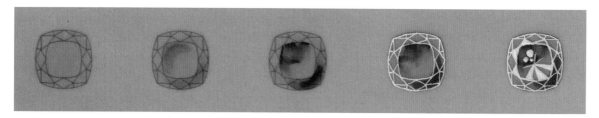

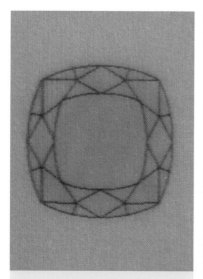 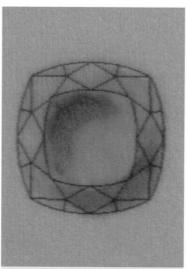 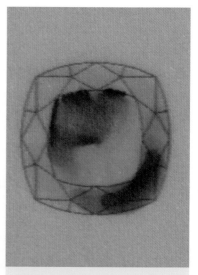

01 使用硫酸纸复制并绘制刻面线稿，然后使用蜻蜓055号水彩笔铺填底色。

02 使用蜻蜓993号水彩笔晕染黄晶暗部，即台面的左上角及黄晶的右下角。

03 使用蜻蜓905号水彩笔在黄晶台面的左上角画出3个深色三角形，然后使用同一根水彩笔晕染加深黄晶右下角的暗部颜色。

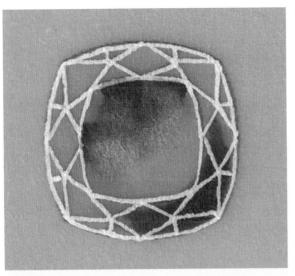

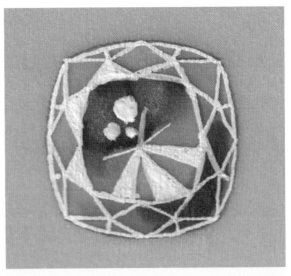

04 使用针管笔绘制黄晶的刻面线及外边缘线。

05 使用高光笔刻画黄晶的高光区域，并在黄晶台面的左上角点3个大小不一的高光点。

◇ 粉晶

使用水彩笔绘制粉晶的流程示意图及具体步骤如下。

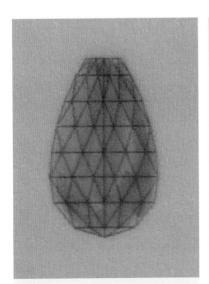

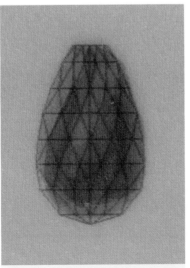

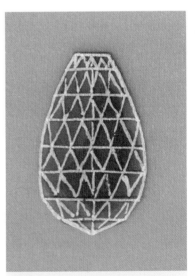

01 使用硫酸纸复制并绘制刻面线稿，然后使用蜻蜓723号水彩笔铺填底色。

02 使用蜻蜓703号水彩笔加深粉晶的颜色，颜色浓度从左上到右下依次递增，以营造粉晶的透光效果。

03 使用针管笔绘制粉晶的刻面线及外边缘线。

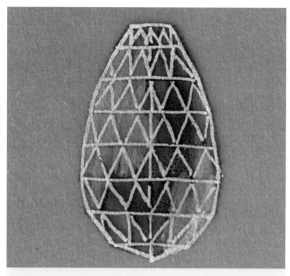 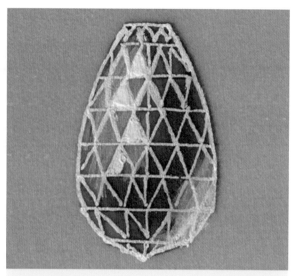

04 使用高光笔刻画粉晶左上角的亮部及右下方的反光区。

05 使用针管笔刻画粉晶左上角的4个三角形高光区域。

◇ 白珍珠

使用水彩笔绘制白珍珠的流程示意图及具体步骤如下。

 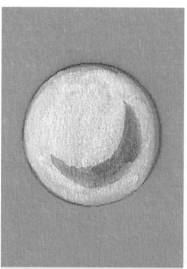 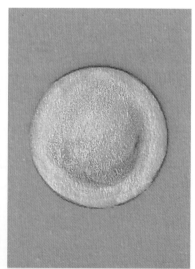

01 使用泰米尺在硫酸纸上绘制圆形线稿，然后使用高光笔铺填底色。

02 使用蜻蜓N65号水彩笔在白珍珠的右下方画出月牙状的暗部。

03 使用蜻蜓N00号水彩笔将月牙状的暗部逐渐晕染至自然过渡的状态。

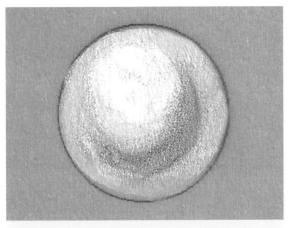

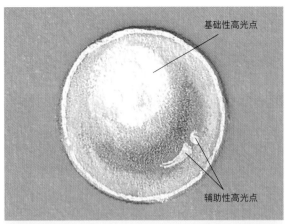

基础性高光点

辅助性高光点

04 使用高光笔继续刻画白珍珠左上角的亮部。

05 使用针管笔画出白珍珠的边缘线，注意对边缘线做断点处理，然后使用高光笔刻画珍珠的基础性高光点与暗部的辅助性高光点。

5.1.3 快速表现技法练习

快速表现技法练习以戒指为主，在练习上色的同时也是对三视图相关知识进行巩固。

◈ 心星系列戒指

心星系列戒指是法国皇家水晶品牌巴卡拉（Baccarat）于2018年推出的全新系列时尚珠宝，其旋转戒身取自巴卡拉经典的水晶台元素。

材质设定： 18K玫瑰金、钻石、红宝石。

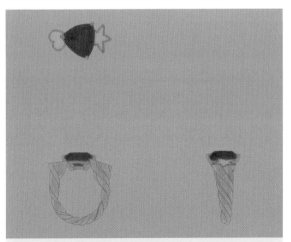

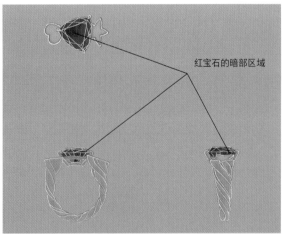

红宝石的暗部区域

01 使用蜻蜓850号水彩笔铺填玫瑰金的底色，然后使用845号水彩笔铺填红宝石的底色。

02 使用针管笔刻画玫瑰金的边缘线及红宝石的刻面线，然后使用蜻蜓899号水彩笔刻画红宝石的暗部。

> ❶ **提示**
> 在使用水彩笔大面积铺填底色时，笔尖要微微放平，下笔时轻轻扫过纸面，避免将线稿颜色晕开。

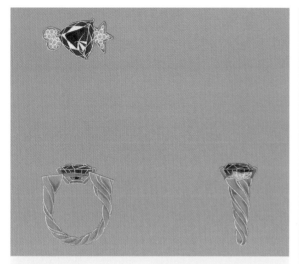 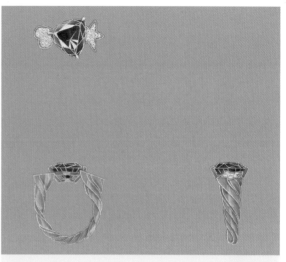

03 使用蜻蜓912号水彩笔刻画玫瑰金的暗部，然后使用针管笔刻画红宝石的亮部及小钻的边缘线。

04 使用高光笔刻画玫瑰金的亮部，然后使用针管笔丰富小钻的细节。

> **提示**
> 在绘制珠宝的三视图时，3个视图的绘制过程要协调着整体推进，避免出现漏画、错画或者颜色不统一的问题。

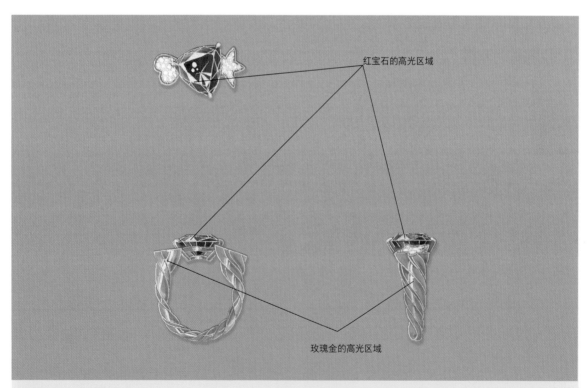

红宝石的高光区域

玫瑰金的高光区域

05 使用高光笔刻画玫瑰金和红宝石的高光，然后使用针管笔丰富小钻的细节，使用蜻蜓N95号水彩笔在每个视图中为珠宝整体添加阴影。

> **提示**
> 快速表现技法中的阴影可用浅灰色的水彩笔沿着珠宝的外边缘绘制，建议使用蜻蜓N95号或N65号水彩笔。

◇ 约瑟芬戒

　　尚美巴黎是法国古老的珠宝品牌之一，因受到拿破仑时期法国皇室的喜爱而美名远扬，其经典的约瑟芬戒便得名于拿破仑一世（Naploléon I）的第一任妻子约瑟芬（Josephine）皇后。

扫码观看视频

材质设定： 18K白金、白钻(小钻所用材质)、黄宝石。

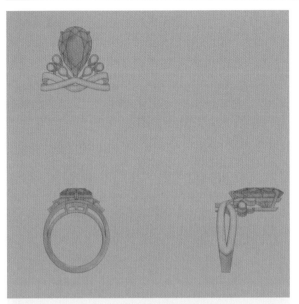

01 使用蜻蜓N95号水彩笔铺填白金的底色，然后使用蜻蜓055号水彩笔填充黄宝石的底色。

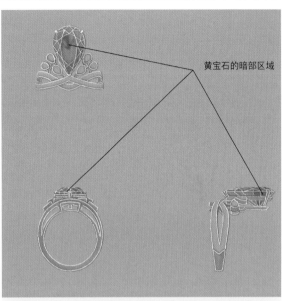

黄宝石的暗部区域

02 使用针管笔刻画白金的边缘线及黄宝石的刻面线，然后使用蜻蜓993号水彩笔，即深黄色刻画黄宝石的暗部。

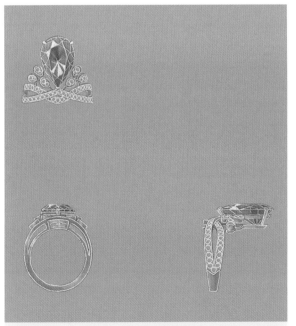

03 使用高光笔刻画白金的亮部，然后使用针管笔刻画黄宝石的亮部及小钻的边缘线。

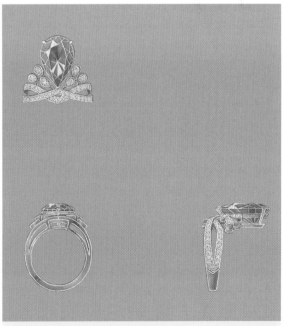

04 使用蜻蜓N65号水彩笔刻画白金的暗部，然后使用针管笔丰富小钻的细节。

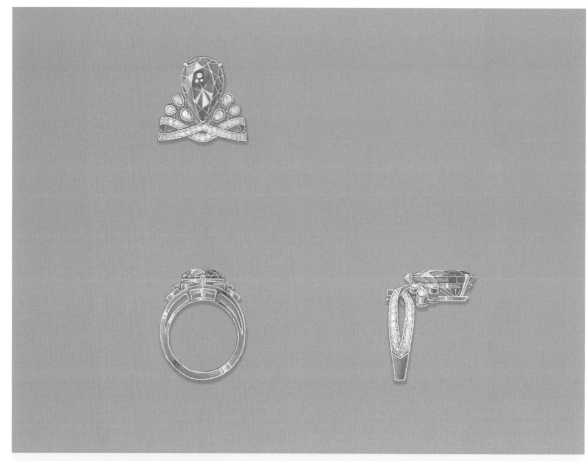

05 使用针管笔刻画高光，然后使用蜻蜓N65号水彩笔在每个视图中为珠宝整体添加阴影。

5.2 综合表现技法

　　仅使用新材料、新工具的手绘技法被称为快速表现技法，而融合了快速表现技法和传统手绘技法的表现形式被称为综合表现技法。综合表现技法在快速表现技法与传统手绘技法两种手绘技法的基础上进行优化与整合，取长补短，结合使用。例如在水粉颜料色彩纯度不够高的情况下，可以使用相应颜色的水彩笔进行补色处理；或者在宝石刻面线过于细小，不便于水粉笔绘制时，可以用针管笔代替绘制。

扫码观看视频　　扫码观看视频

　　综合表现技法的绘制过程比较开放，特别是对细节的表现，设计师可以根据实际绘画情况和个人喜好来选择擅长的工具。因此，设计师可以在这一阶段的学习中渐渐形成具有个人特色的绘画风格。

💎 5.2.1 复杂形态表现技法

　　复杂形态表现技法在珠宝设计中用于描绘与表现一些具象的物体，例如动物、花卉等。在表现这些具象物体时，要在写实的基础上多考虑珠宝的形体构造及工艺制作问题。

在整体的画面表现中，这类具象物体往往是设计的点睛之笔，因此我们需要投入更多的时间去刻画它们的每一个细节。如何合理安排这些细节的绘画主次顺序呢？这就需要我们在动笔之前对其进行简单的图面解析。

宝诗龙
天鹅戒指   宝诗龙白马戒指   宝诗龙豹猫戒指   宝诗龙常青藤耳饰

◇ 复杂形态解析

珠宝设计手绘的主次顺序有两种排序法则：一是按照元素的重要性排序，二是按照空间的前后关系排序。在珠宝设计手绘的过程中，特别是在绘制造型复杂的线稿时，需要结合两种排序法则对珠宝中的元素进行排序。元素排序完成后，依序进行绘制。

以下图的结构为例，我们需要刻画的细节元素有圆形主石、猫的眼睛、黑色纹路以及空间距离最近的尾部区域等。结合元素的重要性和空间的前后关系进行考虑，这些元素细节按重要程度排序如下。

圆形主石：主石的价值是珠宝设计过程中需要重点表现的设计元素。

黑色纹路：黑色纹路是这件珠宝特有的表现，但因为面积较大，不宜过度刻画。

猫的眼睛：由于所处的距离较远，尽量做弱化处理以加强景深效果。

尾部区域：营造空间感是让复杂形态在视觉上合理化的基础。

线稿分区标注示意图   设计线稿   绘制范例

💎 复杂形态表现技法练习

综合表现技法的练习一般耗时较长，每次练习之前需要做好手部清洁及基本的纸张与画面保护工作，具体可参考本书第1章的相关内容。

材质设定： 18K白金、白钻、黄钻、蓝宝石。

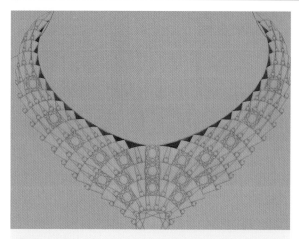

01 使用勾线笔与海蓝色铺填项链上方所有三角形蓝宝石的底色。

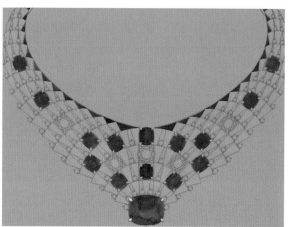

02 使用勾线笔与海蓝色铺填所有枕形蓝宝石的底色，并用白金色阶中的B3绘制蓝宝石周围的白金镶嵌爪。

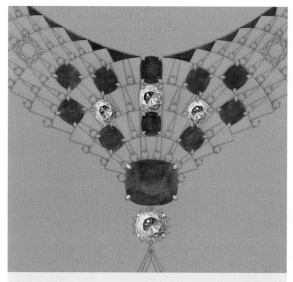

03 深入刻画项链中间的4颗白钻，以确立基本的光源方向及明暗关系。

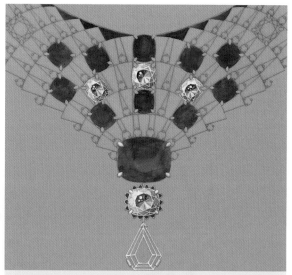

04 使用针管笔勾勒项链最下方异形宝石的刻面线，并使用海蓝色绘制其上方白钻周围的蓝色花边。

> ⓘ **提示**
>
> 当需要刻画的大颗粒宝石比较多时，可以先行刻画其中一种宝石，以节省调换颜料的时间。钻石手绘技法可参考第2章中的钻石篇。

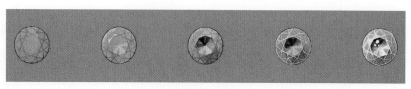

钻石绘制过程图

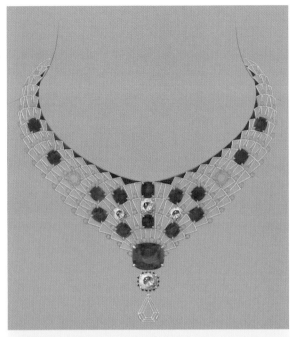

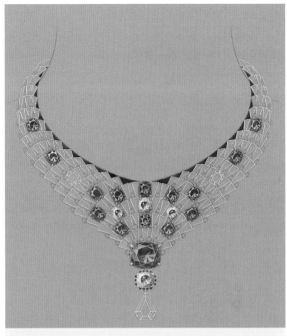

05 使用勾线笔或针管笔将金属与主石部分的线稿重新描绘一遍，描绘时要紧贴线稿内侧。

06 使用勾线笔与钛白色绘制所有枕形蓝宝石的刻面线及亮部。

> ❶ 提示
>
> 　　每颗枕形蓝色宝石的旋转角度都不相同，在刻画其亮部的时候要保持光源的统一性。每颗宝石需要提亮的刻面也会随着旋转角度的变化而改变，因此不要固定提亮某一两个刻面。

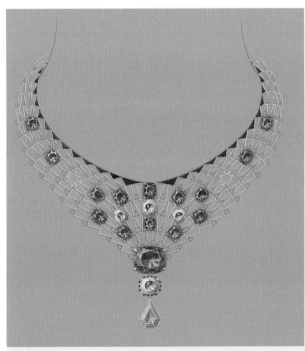

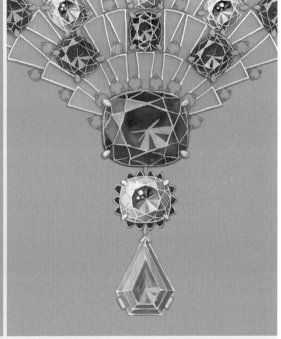

07 绘制项链最下方的黄钻的基本细节，包括铺填黄钻的底色、晕染黄钻的亮部和暗部、刻画刻面线。

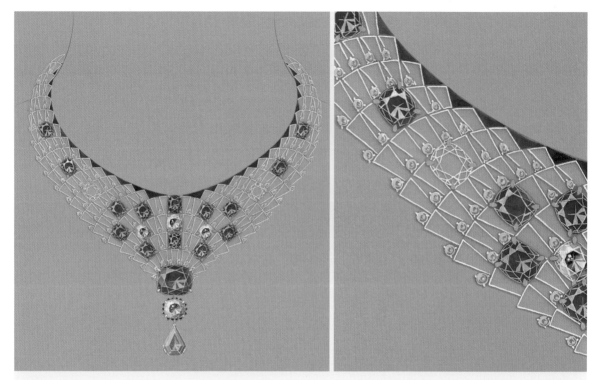

08 使用淡黄色铺填所有圆形黄钻的底色，并使用勾线笔与钛白色刻画每一颗黄钻的刻面线、亮部及其周围的白金镶嵌爪。

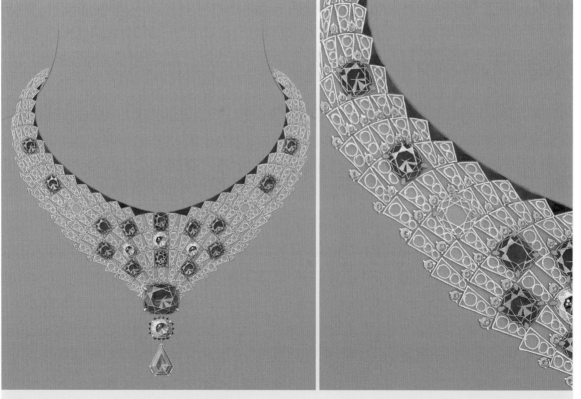

09 使用勾线笔或针管笔绘制白色小钻的外轮廓线。

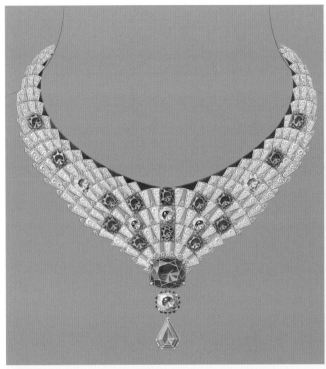

10 使用钛白色刻画小钻的细节及小钻之间的金属镶嵌点。

11 使用深蓝色晕染项链中间的主石蓝宝石的暗部，然后用钛白色绘制其亮部并点出高光。

12 刻画所有剩余枕形蓝宝石的亮部、高光和暗部及其白金镶嵌爪的高光。

13 用钛白色绘制项链最下方的黄钻的镜面式高光。

ⓘ **提示**

镜面式高光与之前所学习的点状高光有很大不同。前者的绘制难度远高于后者，常用于大颗粒、大台面的宝石绘制，例如此案例中项链最下方的黄钻。

镜面式高光的绘制方法是用水将钛白色轻轻调至半透明状，然后用勾线笔的笔尖轻轻扫过宝石台面，营造平面的反光效果。镜面式高光的绘制要点是控制好水与颜料的比例，在熟练掌握之前可以在其他纸张上多试画几次后再上色。

14 使用钛白色绘制所有三角形蓝宝石的高光。

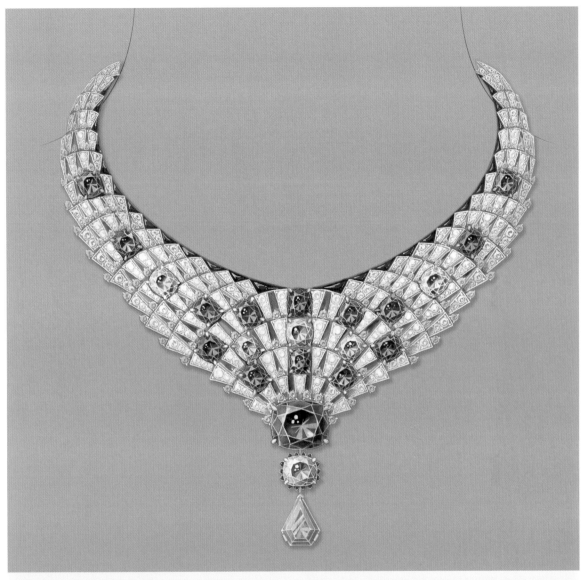

15 使用浅灰色为项链添加投影。

5.2.2 局部立体感的表现技法

珠宝设计手绘效果图除了要表现整体的立体感之外，珠宝内部错落有致的立体结构也不可忽视。细致的层次效果可以辅助营造珠宝的整体立体感。

局部立体感的表现解析

局部立体感的表现主要从以下3个方面入手。

第1点，区分层次。层次的区分工作要在正式开始绘制之前完成。以下图为例，项链下方有很多层珠串元素，观者通过线稿的遮盖关系可以对其层次结构进行一个基础的判断。整个珠串的结构呈圆柱状，从中间的一列向两侧依次延伸至后方。因此在具体刻画的时候，即使是靠得很近的两串珠子，也需要做出明显的层次区分来刻画柱状的立体感。

珠宝设计线稿

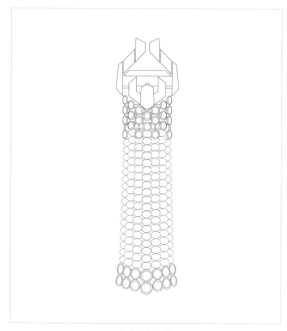

流苏局部细节

第2点，绘制局部阴影。绘制局部阴影要以小区域的遮盖关系为基准，因为设定存在左上方光源，刻画必要的局部阴影是加强珠宝立体感的有效技法。

如下图所示，蓝色珠串部分的前后关系除了相互遮挡之外，在绘制过程中还要在每层的交界处提高色彩浓度。而珠宝局部阴影的色彩选择则根据实际物体决定，不要一味地使用黑、灰两色。例如下图所绘的是蓝宝石，那么其相应的阴影要选择具有相同色彩倾向的深蓝色进行绘制。

第3点，高光递进。递进的高光是遵循空间透视中近大远小、近实远虚的法则来绘制的，即通过每层高光的大小与明度的变化来表现立体感。如下图所示，中间第一层的高光与两侧的高光有明显的区别。同时由于光源在左上方，因此在绘制的时候，左侧高光的刻画强度要略微高于右侧。

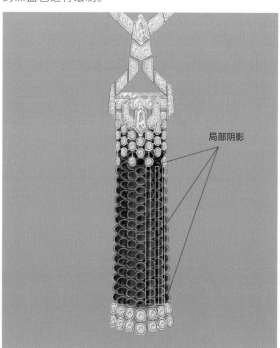

局部阴影

局部阴影的色彩表现

高光的递进处理

▽ 局部立体感的表现技法练习

局部立体感的表现技法练习以例图中整件珠宝的绘制来进行，在绘制过程中可重点绘制一些局部区域。

材质设定： 18K白金、钻石、蓝宝石。

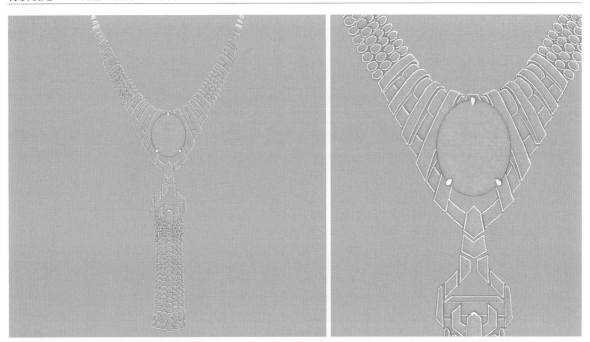

01 使用勾线笔或针管笔将线稿重新描绘一遍（除了主石蓝宝石的边缘线），目的是对黑色线稿进行有效的遮盖。

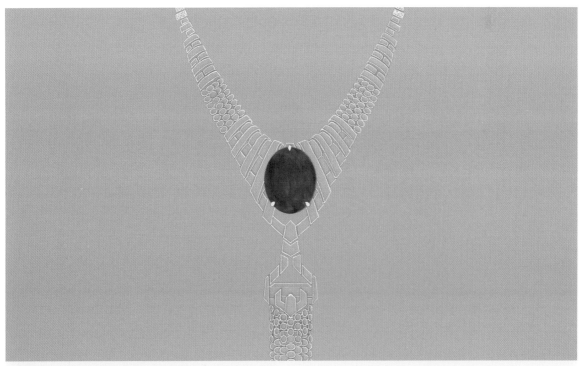

02 使用海蓝色铺填主石蓝宝石的底色。

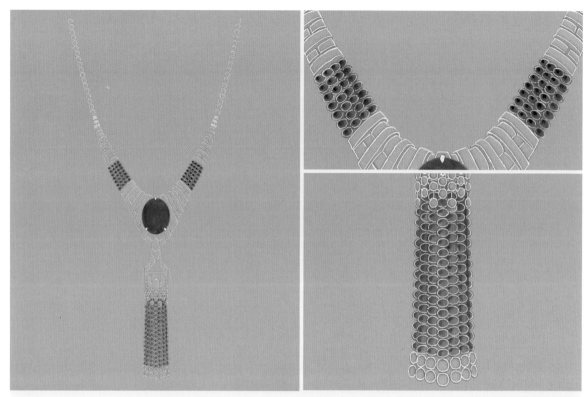

03 使用蜻蜓565号水彩笔绘制椭圆形蓝宝石的底色，在铺填过程中可以通过色彩浓度的变化来初步描绘项链珠串的立体感。

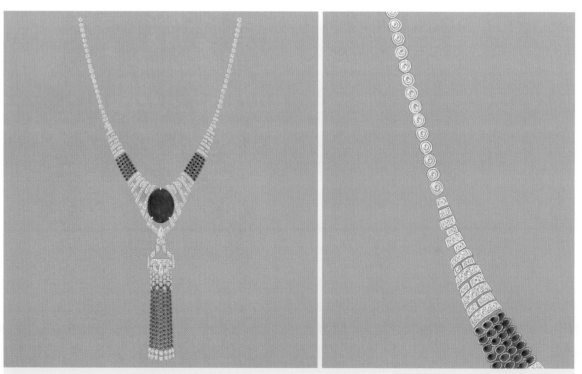

04 使用勾线笔从左到右依序刻画每一颗钻石的刻面与亮部细节以及钻石之间的金属镶嵌点，注意避免漏画。

05 使用勾线笔与深蓝色晕染主石蓝宝石的暗部。

06 使用蜻蜓565号水彩笔提高珠串的色彩浓度并刻画局部阴影。

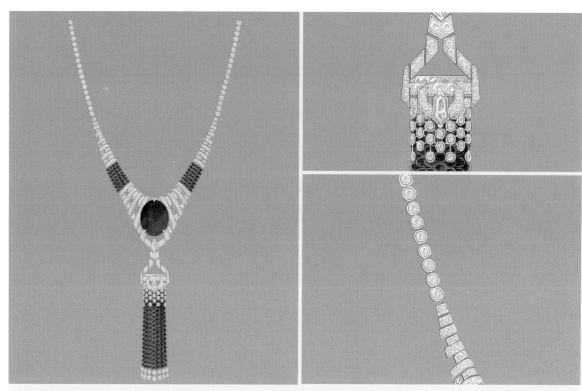

07 使用勾线笔蘸取稀释后的钛白色轻轻扫过所有钻石的表面进行提亮。

08 添加星光状高光，完成主石蓝宝石的刻画。

ℹ **提示**

　　绘制星光状高光需要两步。先用浅白色在蓝宝石左上角画出月牙状的第1层高光带，再用钛白色在第1层高光带的基础上画出3条交叉的白色高光。

09 使用高光笔绘制所有椭圆形蓝宝石的高光。

10 使用高光笔绘制所有小钻的高光，然后用蜻蜓N65号水彩笔绘制项链的整体阴影。

◇ 5.2.3 综合表现技法练习

腕表设计的发展历史同高级珠宝设计一样悠久，早在17世纪，欧洲就已经形成了完整的腕表产业结构。除了职业腕表设计师外，欧洲许多品牌的高级腕表设计工作都是由珠宝设计师领导完成的。

腕表的设计难度要比珠宝设计大许多，特别是制作工艺的考量、材质的搭配以及内部的机械部件组合构成，这些都需要设计师用丰富的职业经验去支撑。

迪奥高级腕表上釉过程

◇ 腕表设计

腕表设计分为外观设计与结构设计两部分，珠宝设计师的腕表设计工作主要是外观设计。

在设计过程中，我们会根据腕表的种类来严格划分设计空间。例如对腕表大小主要通过性别来划分，男款腕表表盘的设计直径一般为42mm，女款腕表表盘的直径则一般为38mm。而在腕表厚度上，石英机芯要小于机械机芯，因此机械机芯的腕表会拥有更大的设计空间。

当设计空间确定之后，珠宝设计师需要在这些微型空间中针对相应主题进行绘制。

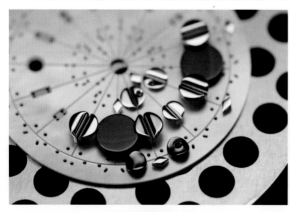

机械腕表内部结构细节

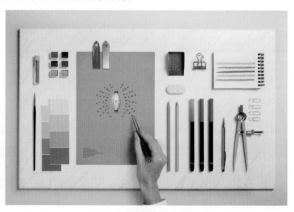

卡地亚高级腕表设计手绘过程

◇ 腕表手绘练习

材质设定：18K白金、18K黄金、钻石、祖母绿、贝母、海蓝宝石。

01 使用白金色阶中的B3绘制腕表表框的白金部分。

02 分别使用白金色阶中的B3、黄金色阶中的H2，铺填腕表陀飞轮机芯的金属底色。

03 使用天青色铺填上下两块表带的底色。

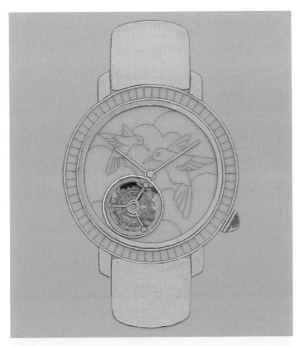

04 用祖母绿色铺填腕表指针转轴上的祖母绿的底色，并用钛白色绘制其底部的反光。

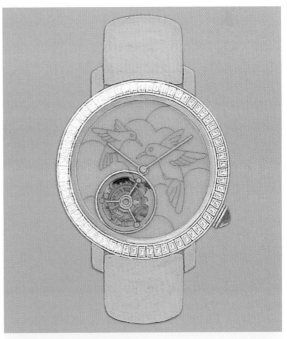

05 使用针管笔刻画腕表表框处的长方形钻石，绘制内容包括钻石的刻面线及亮部。

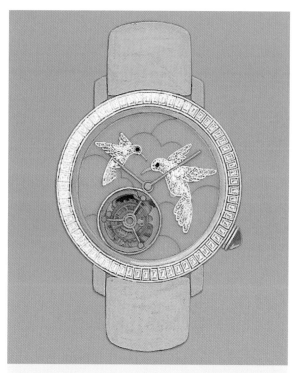

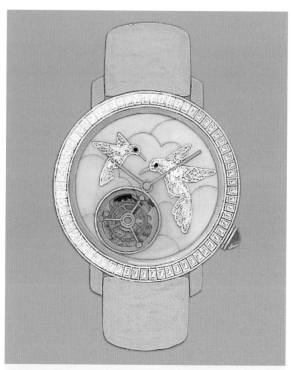

06 用针管笔绘制蜂鸟身上的小钻，然后使用蜻蜓451号、243号水彩笔为蜂鸟的羽毛上色。最后使用565号蜻蜓水彩笔刻画蜂鸟眼睛处的海蓝宝石。

07 使用钛白色铺填腕表表盘的底色。

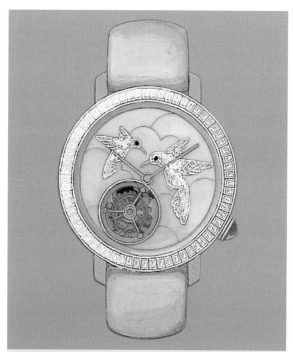

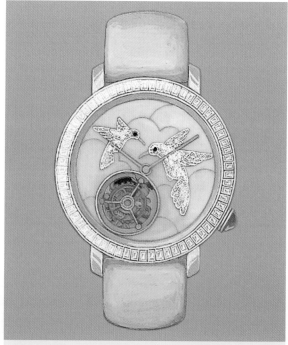

08 分别使用钛白色、湖蓝色绘制表带的亮部与暗部，以塑造其立体感。

09 使用白金色阶中的B2绘制腕表表框的白金部分的亮部。

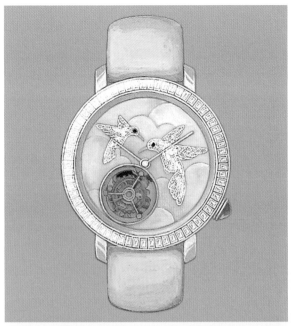

10 使用蓝色和紫色晕染贝母表盘，以制造虹彩效果，并用钛白色绘制腕表指针。

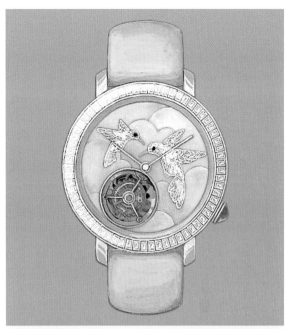

11 用白金、黄金色阶中的颜色完成对腕表陀飞轮机芯亮部的绘制。

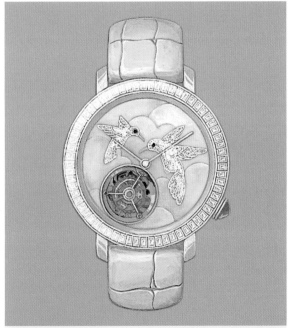

12 分别使用钛白色与湖蓝色刻画表带的皮质纹理的亮部和暗部。

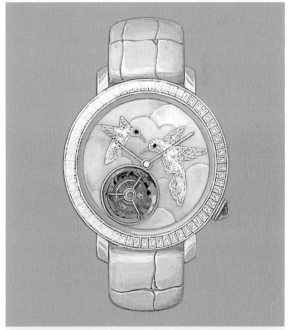

13 使用钛白色刻画腕表指针转轴上的祖母绿的高光。

> ⓘ 提示
>
> 表带纹理的刻画分为两步：第1步使用表带暗部的颜色即湖蓝色画出皮纹，第2步使用钛白色紧贴皮纹的边缘勾勒出部分白色线条。

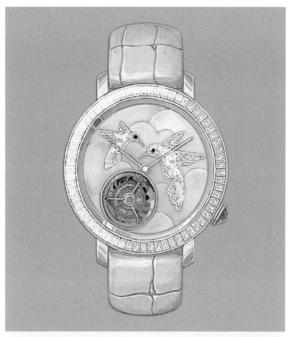

14 使用白金色阶中的B1和B4，分别绘制腕表表框的白金部分的亮部和暗部区域。

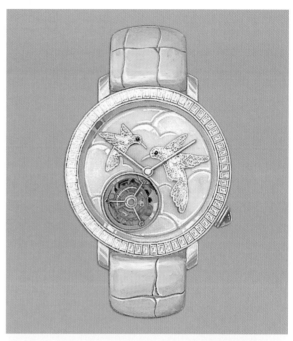

15 使用钛白色绘制白色贝母材质的表盘的高光。

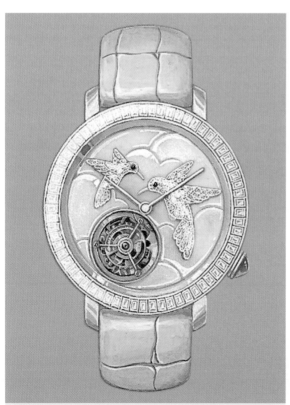

16 用白金、黄金色阶中的颜色，绘制腕表陀飞轮机芯白金和黄金部分的暗部与高光。

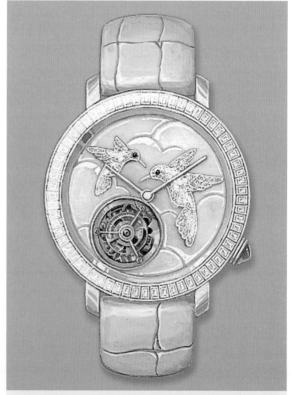

17 使用蜻蜓N65号水彩笔，为腕表整体绘制投影。

5.3 进阶综合练习

　　进阶综合练习旨在在学习之余对各章技法进行巩固练习。练习难度根据绘制内容的不同划分为1~10级，其中1级为最低难度的基础绘画，等级越高，练习难度越大。我们可以根据个人的学习进程，选择合适的难度进行练习。

◇ 装饰艺术风格小胸针（绘画难度：3级）

材质设定： 18K白金、钻石、红宝石、贝母、黑玛瑙。

线稿

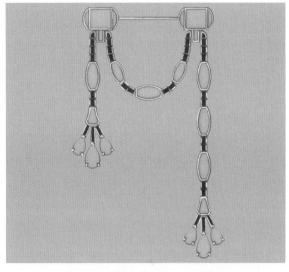

01 使用白金色阶中的B2、B3、B4刻画白金边框。

02 使用红色铺填梨形红宝石的底色，并用勾线笔与钛白色刻画刻面线。

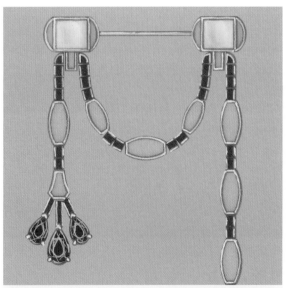

03 使用钛白色铺填胸针上方两端的长方形贝母的底色。

04 使用针管笔绘制白色小钻，注意画出金属镶嵌点。

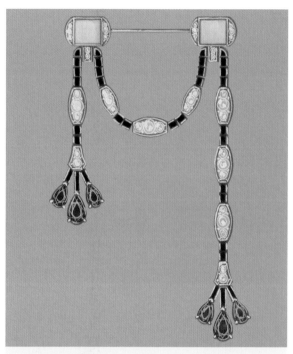

05 使用黑色加深每一块黑玛瑙的暗部颜色。

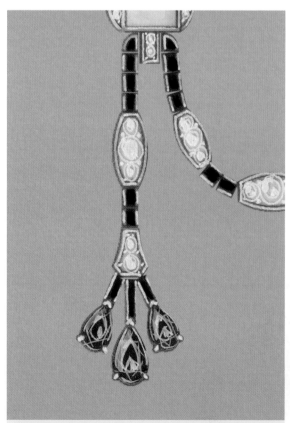

06 使用勾线笔与钛白色刻画红宝石的高光。

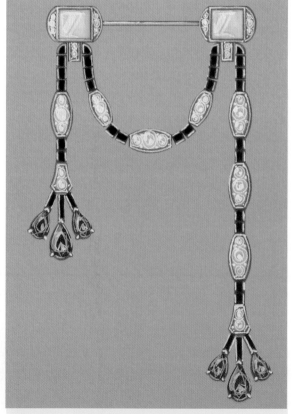

07 使用勾线笔与钛白色刻画两块贝母的、白色小钻和黑玛瑙高光，后两者的高光不用每一个都刻画。

08 用蜻蜓N75号水彩笔画出胸针的整体投影,增强立体感。

◇ 新艺术风格小胸针(绘画难度:4级)

材质设定: 18K白金、钻石、黑欧泊。

线稿

01 使用白金色阶中的B2、B3、B4刻画白金边框。

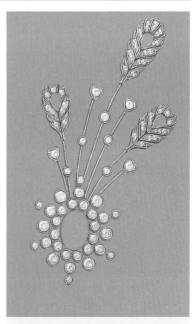

02 使用针管笔绘制白色小钻部分及其周围的金属镶嵌点。

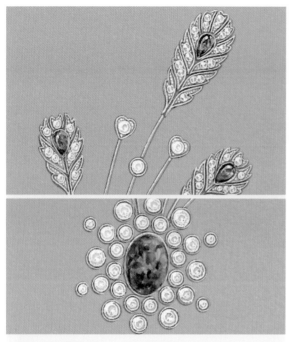

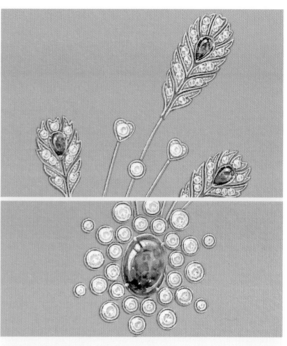

03 使用勾线笔蘸取蓝色和紫色铺填黑欧泊的底色，并晕染出色斑的虹彩效果。

04 使用勾线笔与钛白色刻画黑欧泊的高光及其四周的金属镶嵌爪。

05 使用勾线笔与钛白色进一步提亮白金的高光。

06 使用蜻蜓N75号水彩笔画出胸针的整体投影，增强立体感。

◇ 星漪冠冕（绘画难度：5 级）

材质设定： 18K白金、钻石、黑珍珠。

线稿

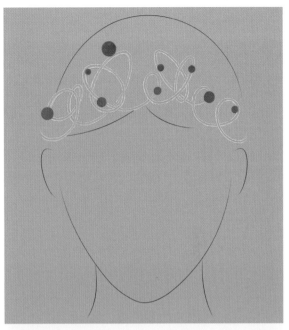

01 使用针管笔刻画白金边框，然后使用勾线笔与深灰色铺填黑珍珠的底色。

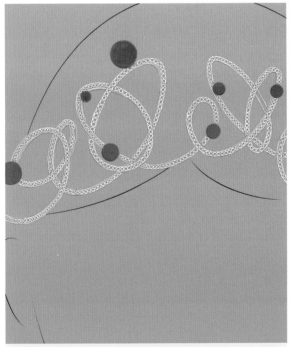

02 使用针管笔绘制白色小钻的外轮廓线。

03 使用勾线笔蘸取黑色刻画每一颗黑珍珠的月牙状暗部。

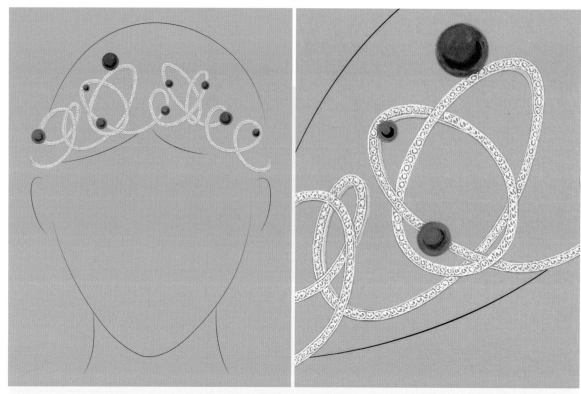

04 使用针管笔刻画白色小钻的台面细节及钻石之间的金属镶嵌点。

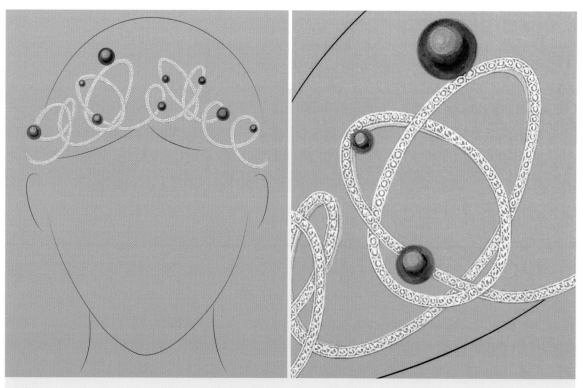

05 用钛白色刻画每颗黑珍珠的亮部，然后使用绿色和红色刻画每颗黑珍珠的虹彩效果。

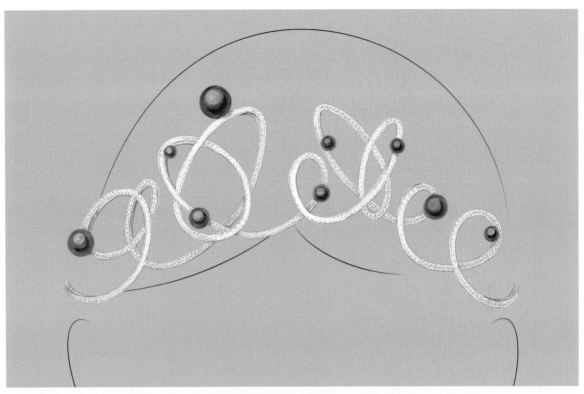

06 使用白金色阶中的B4刻画冠冕白金部分整体的暗部，并使用高光笔刻画冠冕左侧的亮部。

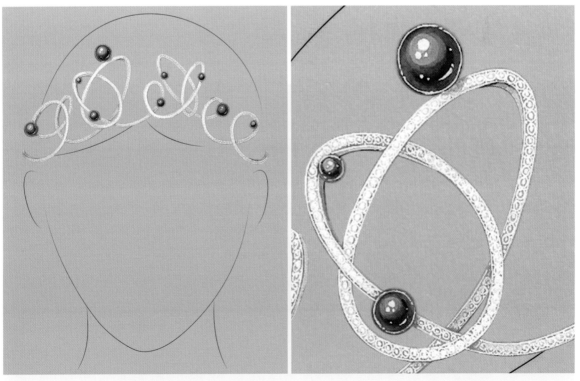

07 使用勾线笔与钛白色绘制黑珍珠的内边缘线及高光。

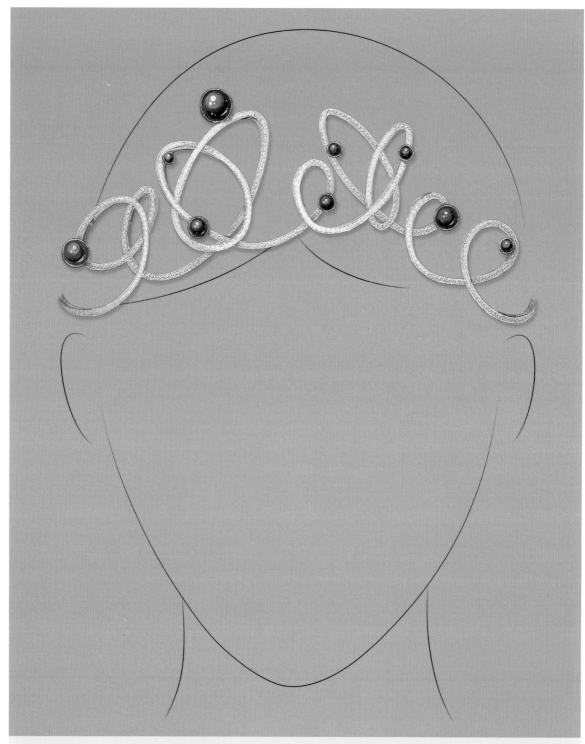

08 使用蜻蜓N75号水彩笔画出冠冕的整体投影。

ℹ 提示

　　相较于戒指、胸针等类别的珠宝，冠冕类珠宝的体积较大，为了表现这类大件珠宝的立体感，可以用蜻蜓N95号水彩笔（浅灰色）轻轻遮盖钻石部分，以降低边缘处的明度，加强整件珠宝的立体感和明暗对比。

◇ 天璐戒指（绘画难度：6级）

材质设定： 18K白金、钻石、祖母绿。

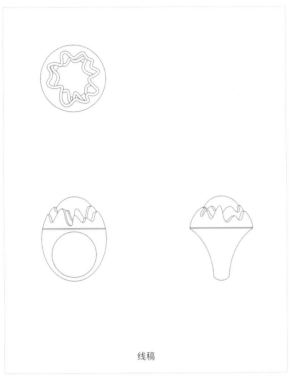

线稿

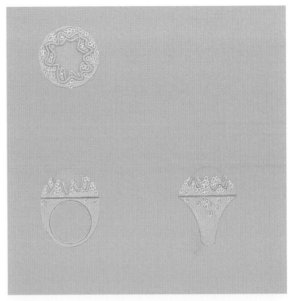

01 使用针管笔或勾线笔画出白色小钻的外轮廓线，然后调出白金色阶中的B3，用勾线笔铺填戒指白金部分的底色。

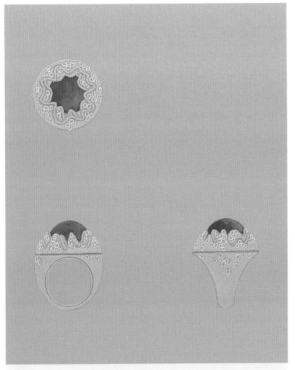

02 使用祖母绿色铺填每个视图中祖母绿的底色。

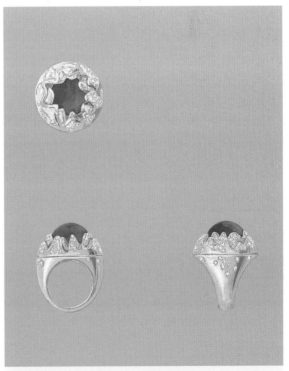

03 使用白金色阶中的B1、B4刻画白金的亮部与暗部。

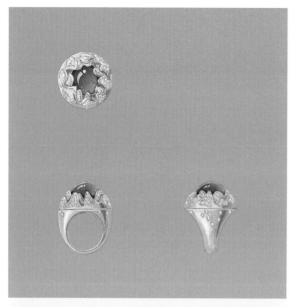

04 使用稀释后的钛白色晕染各个视图中祖母绿的亮部，然后使用深绿色晕染各个视图中祖母绿的暗部，接着用钛白色为各个视图中的祖母绿点上高光。

05 使用针管笔或勾线笔画出白金的边缘线，再使用白金色阶中的B1、B5刻画戒指白金部分的高光与暗部。

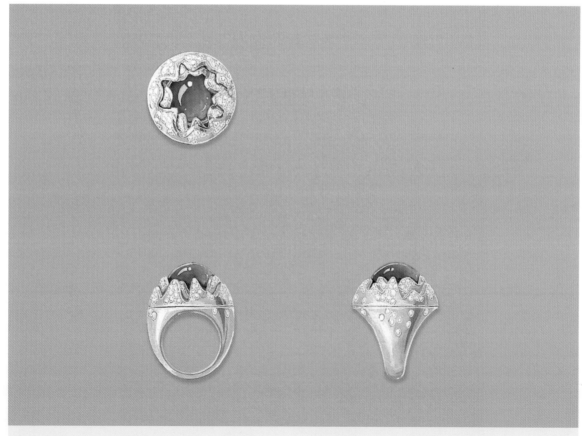

06 用蜻蜓N75号水彩笔画出三视图中的戒指投影。

◇ 宝诗龙粉钻戒指（绘画难度：7 级）

材质设定： 18K白金、白钻、粉钻。

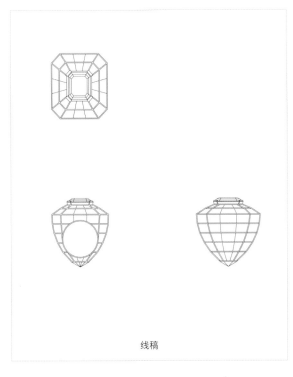

线稿

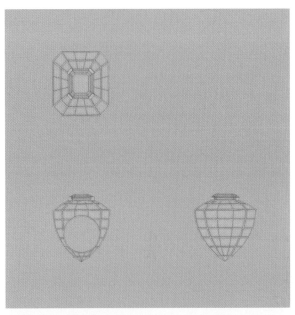

01 使用勾线笔调出白金色阶中的B3，并用它来铺填戒指白金部分的底色。

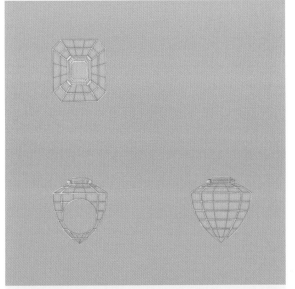

02 使用勾线笔与钛白色刻画白金的亮部，然后使用针管笔画出采用祖母绿刻面切割工艺的粉钻的刻面线。

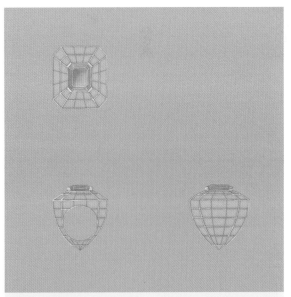

03 使用钛白色、红色、玫瑰红色调出粉钻的底色，并对各个视图的主石区域进行铺填，可多加一些水，尽量使颜色显得轻薄。

> ❗ **提示**
> 在使用钛白色刻画白金的亮部时，需注意重点刻画每个视图的左上角，即最靠近默认光源的区域。

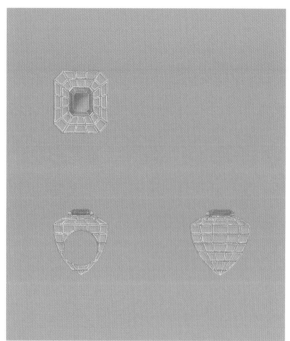

04 使用针管笔勾勒出每一颗白钻的外轮廓线。

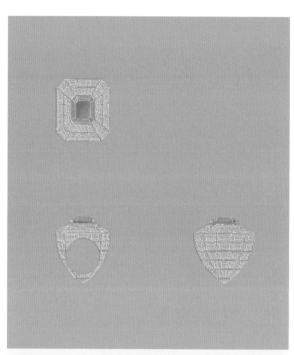

05 使用针管笔绘制出每一颗白钻的台面及刻面线。

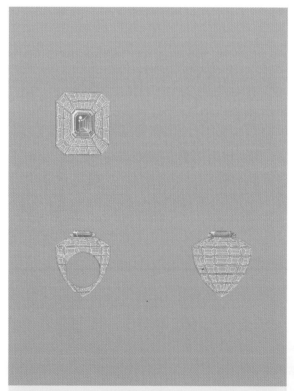

06 刻画采用祖母绿刻面切割工艺的粉钻，即晕染粉钻的亮部、暗部并画出高光。

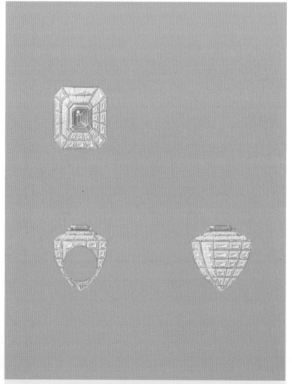

07 使用针管笔及高光笔完成对每一颗白钻亮部的刻画。

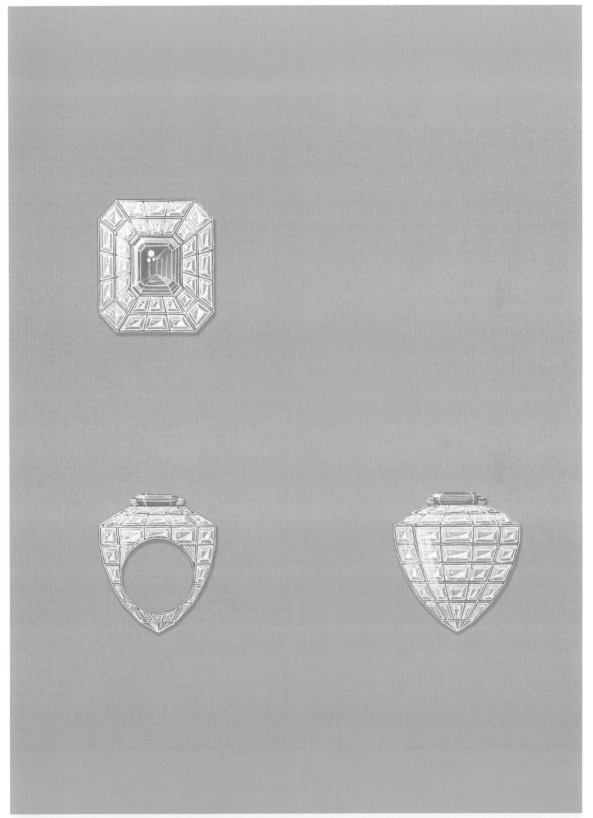

08 使用勾线笔与浅灰色画出每个视图中戒指的整体投影。

◇ 卡地亚 2019 豹系列项链（绘画难度：8 级）

材质设定： 18K白金、钻石、祖母绿、玉珠、黑玛瑙。

线稿

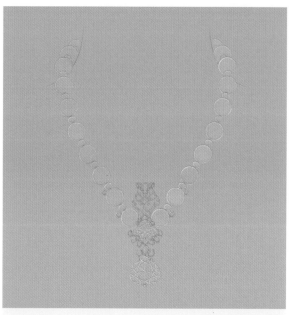

01 使用针管笔勾勒出所有宝石的内边缘线，然后调出白金色阶中的B3，用勾线笔铺填戒指白金部分的底色。

02 使用勾线笔与钛白色铺填圆形玉珠的底色。

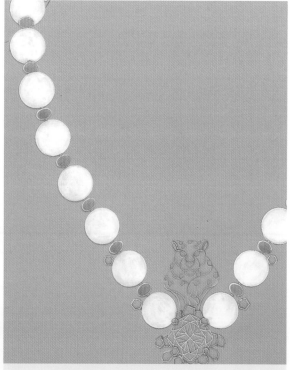

03 使用草绿色铺填圆形玉珠之间的椭圆形祖母绿的底色。

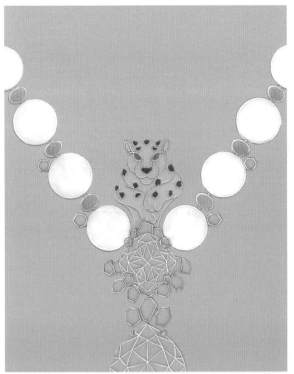

04 用勾线笔蘸取黑色画出豹身上的黑玛瑙，并用祖母绿色填充豹子眼睛处的祖母绿的底色。

05 使用祖母绿色填充项链中心的两颗祖母绿的底色，并用钛白色画出刻面线和高光区域。

06 使用针管笔画出主石祖母绿周围的白色小钻的外轮廓线及同心圆刻面线。

07 使用天青色与浅灰色刻画每一颗圆形玉珠的暗部。

08 使用针管笔刻画豹身处的群镶白色小钻，并使用N95号水彩笔刻画豹身暗部。

> ⓘ **提示**
> 项链上豹子的刻画细节与步骤，可以参考第4章中卡地亚项链中豹子的绘制过程。

09 使用高光笔提亮大、小祖母绿周围的白色小钻。

10 使用钛白色刻画圆形玉珠的高光。

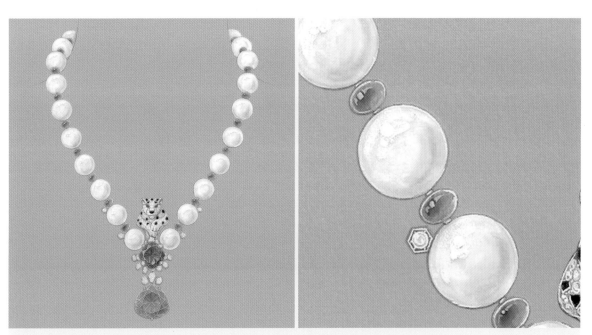

11 使用深绿色绘制每一颗椭圆形祖母绿的暗部，并用钛白色点上高光。

12 使用勾线笔与钛白色绘制豹身上黑玛瑙和眼睛处祖母绿的高光点，并使用高光笔对豹身上的小钻的亮部进行进一步刻画。

13 用深绿色加深两颗主石祖母绿的暗部颜色，然后使用钛白色刻画其亮部，给上方的主石祖母绿点上高光，给下方的主石祖母绿画上镜面式高光。

14 用勾线笔与浅灰色画出项链的整体投影。

◇ 梵克雅宝白羊座腕表（绘画难度：9级）

材质设定： 18K白金、18K黄金、钻石、蓝宝石、绿松石、黄色蓝宝石、橙色蓝宝石、青金石、皮质表带。

线稿

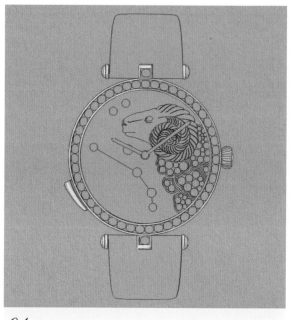

01 使用勾线笔与白金色阶中的对应颜色刻画腕表的白金部分。

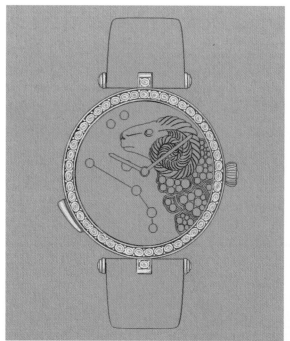

02 使用勾线笔或者针管笔画出腕表上的白色小钻的外轮廓线及同心圆台面，并画出每颗白色小钻之间的金属镶嵌点。

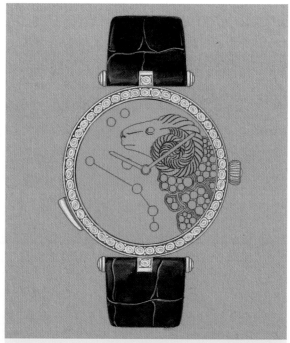

03 使用深蓝色铺填上下两块表带的底色，并使用钛白色绘制出皮质表带的材质纹理。最后绘制出表带的亮部与暗部。

04 使用深蓝色铺填表盘的底色。

05 使用湖蓝色铺填表盘中绿松石的底色。

06 使用勾线笔与黄金色阶中的对应颜色刻画表盘中的黄金部分的亮部、暗部和阴影最深处的颜色。

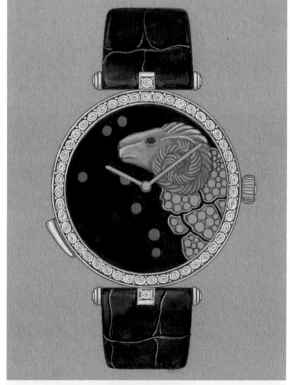

07 使用蓝宝石色铺填羊眼的底色。

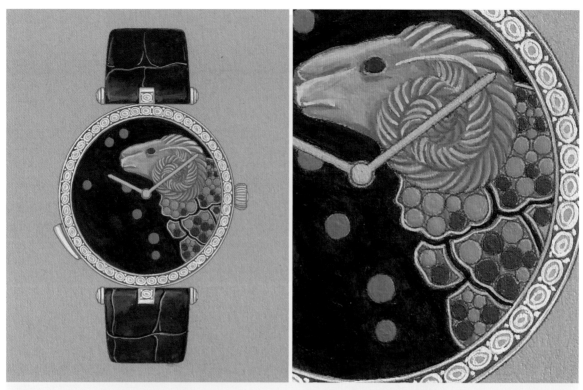

08 使用中黄色和橙色分别铺填羊身处的黄色和橙色蓝宝石的底色，并用中黄色铺填其间空隙。

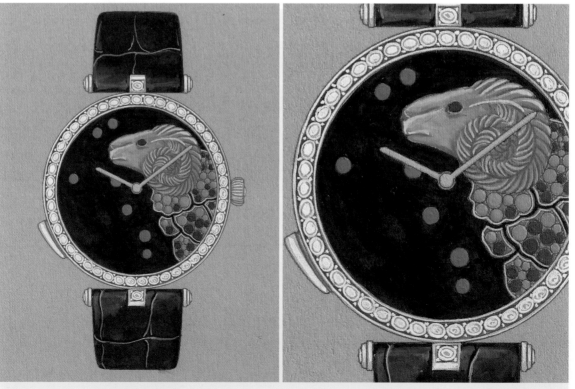

09 使用勾线笔与钛白色提亮表框处白色小钻的台面。

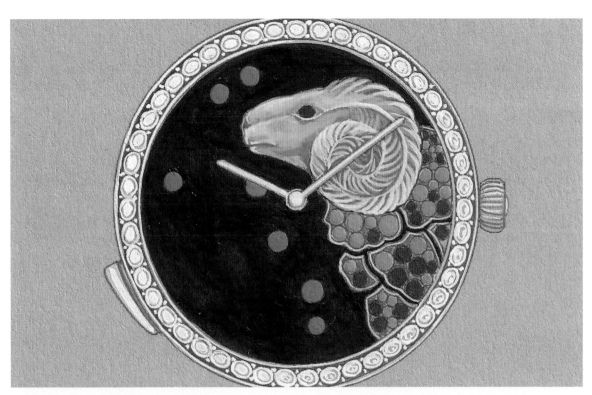

10 用钛白色加柠檬黄色调和而成的颜色刻画羊头的亮部，然后使用土黄色绘制羊头的暗部。

11 使用勾线笔与钛白色画出表盘羊身处黄色和橙色蓝宝石的外轮廓线及同心圆刻面线，并提亮台面。最后使用勾线笔与白金色阶点出黄色和橙色蓝宝石之间的金属镶嵌点。

12 使用勾线笔与钛白色绘制上下两块表带的高光。

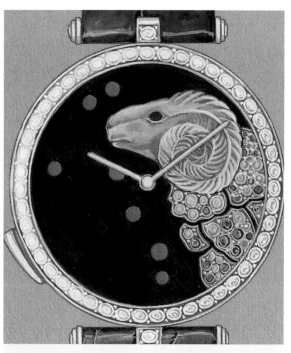

13 使用勾线笔与稀释后的钛白色轻轻扫过表框的左侧，画出腕表镜面高光。

14 使用勾线笔与钛白色绘制表盘中绿松石及羊身处黄色和橙色蓝宝石的高光。

15 使用勾线笔与钛白色绘制表盘中羊眼处蓝宝石的高光。

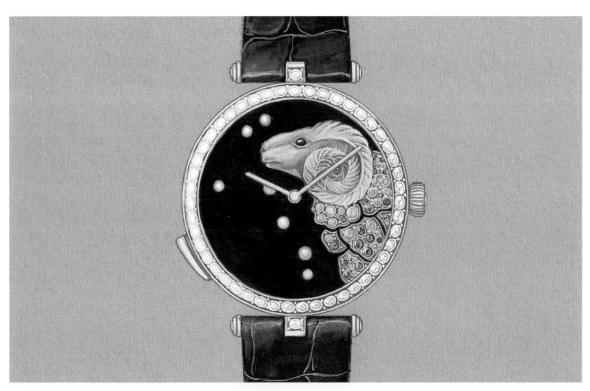

16 使用勾线笔调和钛白色与柠檬黄色，绘制羊头处的高光。

17 使用勾线笔与钛白色画出星座图中的短直线，并用柠檬黄色点出青金石表盘的肌理效果。

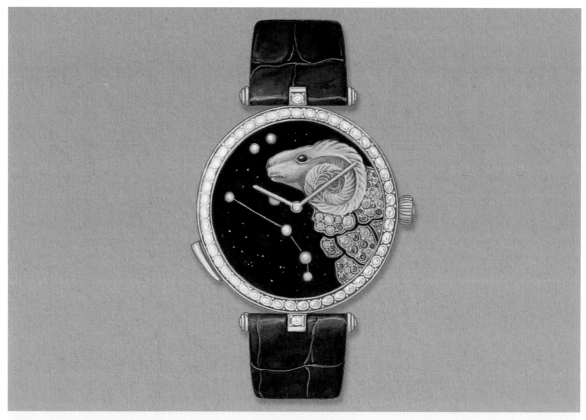

18 使用勾线笔与浅灰色绘制腕表的整体投影。

💎 宝诗龙莨苕叶腕表（绘画难度：10 级）

材质设定： 18K白金、18K黄金、钻石、蓝宝石、红宝石、青金石、皮质表带。

线稿

01 使用勾线笔和白金色阶中的颜色刻画腕表中的白金部分，然后使用针管笔绘制表框中每一颗长方形钻石的外轮廓线。

02 使用群青色铺填上下两块表带的底色。

03 使用海蓝色铺填表框右下角指针转轴上蓝宝石的底色。

04 使用海蓝色铺填表盘的底色，并用勾线笔与白金色阶中的B3勾勒表盘中莨苕叶的轮廓线。

05 使用勾线笔与大红色绘制陀飞轮中小颗粒红宝石底色，然后使用勾线笔和白金、黄金色阶中的颜色，刻画腕表中陀飞轮机芯的金属部分。

> ⓘ 提示
>
> 腕表中陀飞轮机芯造型繁复，按照白金、黄金色阶练习的顺序一步步深入绘制即可。

06 用浅蓝色绘制表带的亮部，然后用黑色绘制表带的暗部。

07 使用钛白色绘制表框右下角指针转轴上蓝宝石的亮部，再使用深蓝色绘制其暗部。

08 使用针管笔刻画表盘中莨苕叶上的白色小钻及小钻间的金属镶嵌点。接着使用勾线笔与白金色阶刻画腕表中指针的金属质感，最后使用勾线笔与白金色阶中的B1、黄金色阶中的H1提亮陀飞轮处的金属部分。

09 使用钛白色绘制皮质表带的纹理，并用深蓝色绘制其暗部，然后使用钛白色点出指针转轴处的蓝宝石的高光。

10 使用针管笔绘制表框中长方形钻石的台面,并用勾线笔与钛白色刻画每一颗钻石的亮部。最后用稀释后的钛白色轻轻扫过表框的左侧。

11 使用钛白色加柠檬黄色点出青金石表盘的金色纹理。

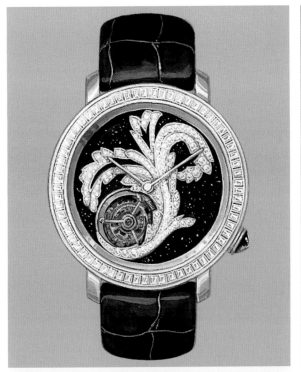

12 分别使用白金、黄金色阶中的B1、H1绘制陀飞轮机芯的金属高光。

13 使用钛白色画出腕表的镜面式高光。

14 使用蜻蜓N75号水彩笔绘制腕表的整体投影。

5.4 本章结语

　　创意表现技法是处于个人绘画风格养成的职业化阶段的珠宝设计师的必学技法。在学完所有手绘技法之后，我们可以根据个人喜好来选择合适的工具和技法开始精彩的珠宝设计师职业生涯。

宝诗龙 孔雀羽胸针

洛伦茨·鲍默（Lorenz BÄUMER）秋日甲虫

张苦静（Maison ZHANG）星月冠冕

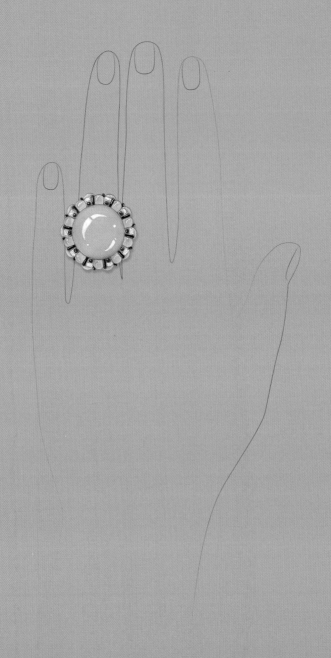

卡地亚 玉髓戒指

卡地亚　玉髓耳饰

新艺术风格珐琅吊坠（20世纪10年代）

装饰艺术风格祖母绿胸针（20 世纪 20 年代）

卡地亚 祖母绿项链

蒂碧丽（Debelles Lu）音乐剧之戒

梵克雅宝 钻石链表

中古风格钻石项链（20 世纪 50 年代）

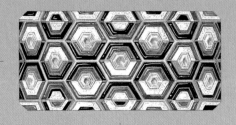

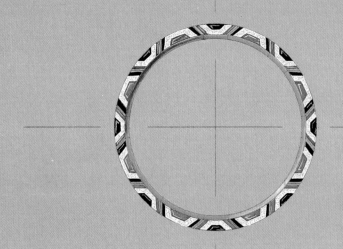

卡地亚 装饰艺术风格手镯

古董装饰艺术风格燕子胸针（20 世纪 20 年代）

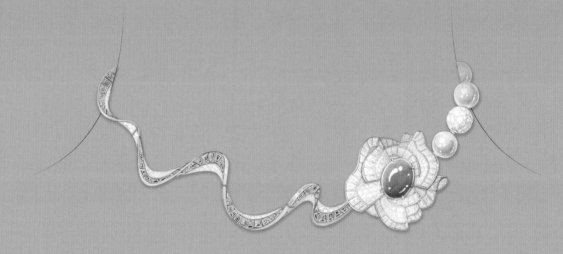

张苫静　光之舞项链

张苒静 时间舞者项链

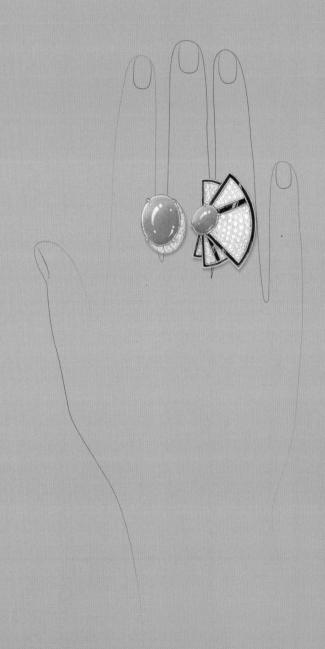

张苫静 时间舞者戒指

香奈儿 山茶花胸针

蒂碧丽 维纳斯项链（一）

蒂碧丽 维纳斯项链（二）

蒂碧丽 维纳斯项链（三）